KPI

Principali Indicatori Chiave di Prestazione

Guida per principianti

GeoReport

2023

Introduzione

I KPI sono uno strumento essenziale per le aziende di tutte le dimensioni, sia che tu abbia appena iniziato o che desideri portare la tua organizzazione al livello successivo. Impostando obiettivi specifici e monitorando i progressi utilizzando i KPI, puoi prendere decisioni informate e dare priorità alle risorse per le aree più importanti per il successo della tua azienda.

In questo eBook tratteremo le nozioni di base sui KPI, inclusa la loro definizione, i tipi e il motivo per cui sono importanti. Discuteremo anche come scegliere i KPI giusti per la tua azienda e i KPI comuni utilizzati nelle prestazioni finanziarie, dei clienti, operative e dei dipendenti.

Inoltre, approfondiremo il processo di misurazione e analisi dei KPI, compreso come raccogliere dati, visualizzare i risultati e interpretare gli approfondimenti per informare il processo decisionale. Infine, discuteremo come implementare in modo efficace i KPI nella tua organizzazione, incluso il coinvolgimento delle parti interessate, l'impostazione di sistemi di monitoraggio e reporting e la comunicazione dei KPI ai dipendenti.

Al termine di questo eBook avrai una conoscenza approfondita dei KPI e di come utilizzarli per favorire la crescita e il successo della tua azienda.

Capitolo 1

Cosa sono i KPI?

Definizione dei KPI

I KPI, Key Performance Indicators, sono metriche utilizzate per misurare le prestazioni e i progressi di un'azienda verso obiettivi specifici. I KPI sono un modo per monitorare il successo della tua azienda nel tempo e fornire informazioni preziose sulle aree in cui la tua attività sta andando bene, nonché sulle aree di miglioramento.

I KPI forniscono un modo per monitorare il successo e identificare le aree di miglioramento misurando e analizzando i dati relativi a un aspetto specifico dell'azienda, come le prestazioni finanziarie, la soddisfazione del cliente o la produttività dei dipendenti.

I KPI possono essere quantitativi o qualitativi e possono essere utilizzati per misurare qualsiasi cosa, dalle prestazioni finanziarie alla soddisfazione del cliente e alla produttività dei dipendenti. Esistono molti tipi diversi di KPI, a seconda degli obiettivi e degli obiettivi specifici della tua azienda.

I KPI sono generalmente definiti e definiti dal team dirigente di un'azienda in collaborazione con le parti interessate e gli esperti in materia. I KPI dovrebbero essere specifici, misurabili e pertinenti agli obiettivi generali dell'azienda e dovrebbero essere monitorati e analizzati regolarmente per informare il processo decisionale e promuovere miglioramenti.

Nel complesso, l'obiettivo dei KPI è fornire alle aziende un modo per monitorare i progressi e misurare il successo in modo tangibile e significativo. Identificando i KPI giusti per la tua azienda, puoi stabilire parametri di riferimento, monitorare i progressi rispetto agli obiettivi e prendere decisioni basate sui dati per migliorare le prestazioni e raggiungere il successo.

I KPI sono uno strumento prezioso per le aziende per misurare e monitorare i progressi verso gli obiettivi, identificare le aree di miglioramento e prendere decisioni basate sui dati per favorire la crescita e il successo.

Tipi di KPI

Esistono molti tipi di KPI che possono essere utilizzati per misurare le prestazioni di un'azienda e i progressi verso obiettivi specifici. Ecco alcuni tipi comuni di KPI:

1. **KPI finanziari:** Questi KPI vengono utilizzati per misurare le prestazioni finanziarie come entrate, margine di profitto e ritorno sull'investimento (ROI).

2. **KPI del cliente:** Questi KPI vengono utilizzati per misurare la soddisfazione, la lealtà e il coinvolgimento dei clienti, come il Net Promoter Score (NPS), il tasso di fidelizzazione dei clienti e il valore della vita del cliente (CLV).

3. **KPI operativi:** Questi KPI vengono utilizzati per misurare l'efficienza e l'efficacia dei processi operativi come la durata del ciclo di

produzione, la rotazione delle scorte e le prestazioni della catena di fornitura.

4. **KPI dei dipendenti:**Questi KPI vengono utilizzati per misurare le prestazioni, l'impegno e la soddisfazione dei dipendenti, come il tasso di turnover dei dipendenti, l'assenteismo e i sondaggi sulla soddisfazione dei dipendenti.

5. **KPI di vendita e marketing:** Questi KPI vengono utilizzati per misurare le prestazioni di vendita e marketing come il tasso di conversione dei lead, il costo di acquisizione dei clienti (CAC) e il traffico del sito web.

6. **KPI di gestione del progetto:** Questi KPI vengono utilizzati per misurare le prestazioni e l'avanzamento dei progetti, come il tasso di completamento del progetto, il rispetto del budget e le metriche di garanzia della qualità.

Questi sono solo alcuni esempi dei numerosi tipi di KPI che possono essere utilizzati per misurare le prestazioni e i progressi di un'azienda. I KPI specifici utilizzati dipenderanno dagli scopi e dagli obiettivi dell'azienda, nonché dal settore e dal contesto in cui opera.

Perché i KPI sono importanti

I KPI sono importanti per diversi motivi:

1. **Misurare il successo:**I KPI forniscono alle aziende un modo per misurare e monitorare il successo verso obiettivi specifici. Impostando e monitorando i KPI, le aziende possono determinare se stanno progredendo verso i propri obiettivi e adattare di conseguenza le proprie strategie.
2. **Individuare le aree di miglioramento:** I KPI possono aiutare le aziende a identificare le aree in cui non raggiungono i propri obiettivi e dove possono migliorare. Analizzando i dati KPI, le aziende possono determinare quali azioni devono intraprendere per migliorare le prestazioni.

3. **Informare il processo decisionale:**I KPI forniscono approfondimenti basati sui dati che possono aiutare le aziende a prendere decisioni informate. Analizzando i dati KPI, le aziende possono identificare tendenze e modelli e determinare la migliore linea d'azione per raggiungere i propri obiettivi.

4. **Definire i benchmark:** I KPI forniscono un modo per impostare parametri di riferimento delle prestazioni. Impostando i KPI, le aziende possono stabilire obiettivi personali e confrontare le proprie prestazioni con gli standard del settore e con i concorrenti.

5. **Allinea le squadre:**I KPI possono aiutare ad allineare i team attorno a scopi e obiettivi comuni. Impostando e monitorando i KPI, le aziende possono garantire che tutti i team lavorino per raggiungere gli stessi obiettivi e migliorare la comunicazione e la collaborazione tra i dipartimenti.

I KPI sono importanti per misurare il successo, identificare le aree di miglioramento, informare il processo decisionale, stabilire parametri di riferimento e allineare i team attorno a obiettivi comuni. Utilizzando i KPI in modo efficace, le aziende possono favorire la crescita e raggiungere il successo.

Con ciò concludiamo che i KPI sono uno strumento importante per le aziende per misurare e monitorare i progressi verso obiettivi specifici, identificare aree di miglioramento e prendere decisioni basate sui dati. Selezionando i KPI giusti, le aziende possono stabilire parametri di riferimento per il successo, monitorare le prestazioni nel tempo e prendere decisioni informate per migliorare le prestazioni e raggiungere i propri obiettivi.

Nel prossimo capitolo discuteremo come selezionare i KPI giusti per la tua azienda e come utilizzarli in modo efficace per favorire la crescita e il successo.

Capitolo 2

Come scegliere i KPI

Scegliere i KPI giusti per la tua azienda è fondamentale per misurare il successo e favorire la crescita. Ecco alcuni passaggi per aiutarti a scegliere i KPI giusti:

1. **Identifica i tuoi obiettivi:** Il primo passo nella scelta dei KPI è identificare i tuoi obiettivi aziendali. Cosa vuoi ottenere? Ad esempio, se il tuo obiettivo è aumentare le entrate, potresti scegliere KPI finanziari come il tasso di crescita delle entrate e il margine di profitto.

2. **Determina le tue metriche:** Una volta identificati i tuoi obiettivi, determina le metriche più rilevanti per raggiungerli. Ad

esempio, se il tuo obiettivo è migliorare la soddisfazione del cliente, potresti scegliere KPI del cliente come Net Promoter Score (NPS) o tasso di fidelizzazione dei clienti.

3. **Analizza i tuoi dati:** Utilizza l'analisi dei dati per identificare i KPI che forniranno le informazioni più significative sulle prestazioni della tua azienda. Cerca metriche pertinenti ai tuoi obiettivi e che possano essere monitorate nel tempo. Utilizza i dati storici per stabilire parametri di riferimento e identificare le aree di miglioramento.

4. **Semplificare:** scegli un numero gestibile di KPI da monitorare. Troppi KPI possono essere travolgenti e rendere difficile concentrarsi su ciò che è più importante. Seleziona alcune metriche chiave che forniranno le informazioni più preziose sulle prestazioni della tua azienda.

5. **Coinvolgere le parti interessate:** coinvolgere le parti interessate della tua

azienda, come capi dipartimento ed esperti in materia, nel processo di selezione dei KPI. Ciò garantirà che i KPI selezionati siano pertinenti e significativi per tutte le aree dell'azienda.

6. **Monitorare e regolare:**monitorare regolarmente i KPI e apportare le modifiche necessarie. Man mano che la tua attività si evolve e gli obiettivi cambiano, potrebbe essere necessario aggiornare i tuoi KPI per assicurarti che rimangano pertinenti e significativi.

Pertanto, la scelta dei KPI giusti implica l'identificazione degli obiettivi, la determinazione delle metriche rilevanti, l'analisi dei dati, la semplificazione, il coinvolgimento delle parti interessate e il monitoraggio e l'adeguamento secondo necessità. Seguendo questi passaggi, puoi selezionare i KPI che forniranno le informazioni più preziose sulle prestazioni della tua azienda e utilizzarli per favorire la crescita e il successo.

Individuazione degli obiettivi aziendali

Identificare gli obiettivi aziendali è il primo passo per selezionare i KPI giusti per la tua azienda. Gli obiettivi aziendali sono obiettivi specifici, misurabili, realizzabili, pertinenti e limitati nel tempo (SMART) che un'azienda mira a raggiungere.

Per identificare i tuoi obiettivi aziendali, inizia analizzando la strategia e la missione aziendale complessiva. Quali sono i risultati chiave che desideri ottenere per supportare la tua missione e visione? Gli obiettivi aziendali comuni includono l'aumento dei ricavi, il miglioramento della soddisfazione del cliente, la riduzione dei costi, l'aumento della quota di mercato e il miglioramento dell'efficienza operativa.

Una volta identificati gli obiettivi aziendali, è importante dare loro la priorità. Determina quali obiettivi sono più importanti per raggiungere la tua strategia aziendale complessiva e concentrati prima su quelli. Ciò contribuirà a garantire che i KPI selezionati siano allineati con i tuoi obiettivi strategici.

È anche importante garantire che i tuoi obiettivi siano specifici e misurabili. Ad esempio, invece di fissare un obiettivo generale di "aumento delle entrate", stabilisci un obiettivo specifico di "aumento delle entrate del 10% nel prossimo anno". Ciò renderà più semplice monitorare i progressi e misurare il successo.

Infine, assicurati che i tuoi obiettivi siano realizzabili e pertinenti alla tua attività. Non fissare obiettivi irrealistici impossibili da raggiungere e assicurati che gli obiettivi fissati siano in linea con le tue capacità e risorse aziendali.

In sintesi, identificare gli obiettivi aziendali è un passo importante nella selezione dei KPI giusti per la tua azienda. Impostando obiettivi specifici, misurabili, realizzabili, pertinenti e con limiti di tempo, puoi garantire che i KPI selezionati siano allineati con la tua strategia aziendale complessiva e forniscano le informazioni più preziose sulle tue prestazioni.

Stabilire obiettivi specifici

Stabilire obiettivi specifici è una parte importante della selezione dei KPI giusti per la tua azienda. Gli obiettivi specifici sono dettagliati e chiaramente definiti, facilitando il monitoraggio dei progressi e la misurazione del successo.

Per stabilire obiettivi specifici, inizia suddividendo i tuoi obiettivi aziendali più ampi in obiettivi più piccoli e più gestibili. Ad esempio, se il tuo obiettivo aziendale è aumentare le entrate, puoi impostare obiettivi specifici per aumentare le vendite in categorie di prodotti specifiche o aumentare il valore medio degli ordini.

Quando si stabiliscono obiettivi specifici, è importante renderli misurabili. Ciò significa impostare un obiettivo o una metrica specifica che puoi utilizzare per monitorare i progressi e misurare il successo. Ad esempio, invece di fissare un obiettivo di "aumento delle vendite", stabilisci un obiettivo di "aumento delle vendite del 15% nel trimestre successivo".

È anche importante garantire che i tuoi obiettivi specifici siano realizzabili. Anche se è importante puntare in alto, fissare obiettivi non realistici può portare alla frustrazione e alla mancanza di progressi. Assicurati che i tuoi obiettivi siano realistici, considerando le tue capacità e risorse aziendali.

Infine, assicurati che i tuoi obiettivi specifici siano pertinenti ai tuoi obiettivi aziendali. Gli obiettivi che stabilisci dovrebbero essere direttamente collegati alla tua strategia e missione aziendale complessiva. Ad esempio, se il tuo obiettivo aziendale è migliorare la soddisfazione dei clienti, i tuoi obiettivi specifici potrebbero includere la riduzione dei tempi di attesa dei clienti o l'aumento del numero di recensioni positive dei clienti.

In breve, stabilire obiettivi specifici è una parte importante della selezione dei KPI giusti per la tua attività. Impostando obiettivi specifici, misurabili, raggiungibili e pertinenti, puoi garantire che i KPI selezionati siano allineati con la tua strategia aziendale complessiva e forniscano le informazioni più preziose sulle tue prestazioni.

Allineamento dei KPI agli obiettivi

Una volta identificati gli obiettivi aziendali e stabiliti obiettivi specifici, il passaggio successivo è allineare i KPI a tali obiettivi. Ciò significa selezionare le metriche che forniranno le informazioni più preziose sui tuoi progressi verso il raggiungimento dei tuoi obiettivi.

Per allineare i KPI ai tuoi obiettivi, inizia identificando gli indicatori chiave di prestazione più rilevanti per ciascun obiettivo specifico. Ad esempio, se il tuo obiettivo è aumentare le entrate, i KPI rilevanti potrebbero includere i ricavi delle vendite, il margine di profitto lordo o il valore della vita del cliente.

Quando si selezionano i KPI, è importante scegliere metriche specifiche, misurabili e utilizzabili. Le metriche specifiche sono quelle che forniscono informazioni dettagliate su un determinato aspetto della tua attività. Le metriche misurabili sono quelle che possono essere quantificate e monitorate nel tempo. Le metriche utilizzabili sono quelle che forniscono approfondimenti che possono essere utilizzati per migliorare le prestazioni.

È anche importante scegliere KPI pertinenti ai tuoi obiettivi e traguardi aziendali. Ad esempio, se il tuo obiettivo è aumentare la soddisfazione del cliente, i KPI rilevanti potrebbero includere valutazioni della soddisfazione del cliente, tassi di fidelizzazione dei clienti o punteggio netto del promotore.

Infine, assicurati di selezionare KPI in linea con la tua strategia e missione aziendale complessiva. I tuoi KPI dovrebbero aiutarti a monitorare i progressi verso il raggiungimento dei tuoi obiettivi aziendali più ampi e dovrebbero fornire informazioni pertinenti alle tue priorità strategiche generali.

In sintesi, allineare i KPI ai tuoi obiettivi è un passo importante nella selezione delle metriche giuste per misurare le prestazioni della tua azienda.

Attività commerciale. Selezionando KPI specifici, misurabili, attuabili e pertinenti in linea con i tuoi obiettivi aziendali e la tua strategia generale, puoi ottenere informazioni preziose sui tuoi progressi verso il raggiungimento dei tuoi obiettivi.

Garantire che i KPI siano misurabili

La misurabilità è un aspetto critico nella selezione dei KPI. Senza un modo chiaro e obiettivo per misurare i progressi verso un obiettivo specifico, è impossibile monitorare le prestazioni e determinare se stai facendo progressi verso il raggiungimento dei tuoi obiettivi.

Per garantire che i KPI siano misurabili, inizia selezionando le metriche che possono essere quantificate e monitorate nel tempo. Ciò potrebbe includere metriche come ricavi dalle vendite, valutazioni della soddisfazione dei clienti o traffico del sito web.

Una volta identificati i potenziali KPI, è importante determinare come misurarli. Ciò può comportare la selezione di uno strumento specifico o di un programma software per monitorare le prestazioni, l'impostazione di sistemi per raccogliere dati o la definizione di una metodologia per il calcolo di parametri specifici.

Quando si sceglie una metodologia di misurazione, è importante assicurarsi che sia accurata e coerente. Ad esempio, se stai misurando la soddisfazione del cliente utilizzando un sondaggio, assicurati che le domande del sondaggio siano chiare e imparziali e di applicare costantemente la stessa metodologia ogni volta che esegui il sondaggio.

È inoltre importante garantire che i dati raccolti siano affidabili e pertinenti. Ciò significa selezionare fonti di dati accurate e aggiornate e assicurarsi di raccogliere dati direttamente rilevanti per il KPI che stai monitorando.

Infine, assicurati di rivedere e analizzare regolarmente i dati raccolti per monitorare i progressi rispetto ai tuoi KPI. Ciò può comportare la creazione di programmi di reporting regolari, la creazione di dashboard per monitorare le prestazioni o la conduzione di analisi approfondite per identificare tendenze e aree di miglioramento.

In breve, garantire che i KPI siano misurabili è fondamentale per selezionare le metriche giuste per monitorare le prestazioni aziendali. Selezionando metriche quantificabili, stabilendo metodologie di misurazione accurate e coerenti e rivedendo e analizzando regolarmente i tuoi dati, puoi ottenere informazioni preziose sui tuoi progressi verso i tuoi obiettivi aziendali.

capitolo 3

Tipi più comuni di KPI

In questo capitolo esploreremo alcuni dei KPI più comuni utilizzati in un'ampia gamma di settori e tipologie di attività. Questi KPI possono essere ampiamente classificati in quattro aree principali: KPI finanziari, KPI dei clienti, KPI operativi e KPI dei dipendenti.

1) **KPI finanziari:** I KPI finanziari sono parametri utilizzati per misurare la salute e le prestazioni finanziarie di un'azienda. Alcuni KPI finanziari comuni includono:

   a) **Reddito:** l'importo totale del denaro ricavato dalle vendite in un periodo specifico.

   b) **Margine di profitto lordo:** la percentuale di ricavi che rimane dopo aver detratto il costo delle merci vendute.

c) **Margine di profitto netto**: la percentuale di reddito che rimane dopo aver dedotto tutte le spese, comprese tasse e interessi.

d) **Ritorno sull'investimento (ROI)**: Il valore del ritorno sull'investimento, espresso come percentuale dell'investimento iniziale.

e) **Rapporto spese operative**: Il rapporto spese operative è la percentuale delle entrate spese per spese operative quali affitto, stipendi e utenze.

f) **Debito rispetto al patrimonio netto**: UNDebito verso il patrimonio netto è l'importo del debito di una società rispetto al suo patrimonio netto.

2) **KPI del cliente:** I KPI del cliente sono metriche utilizzate per misurare la soddisfazione, la fedeltà e il coinvolgimento

del cliente. Alcuni KPI comuni dei clienti includono:

a) **Punteggio di soddisfazione del cliente:**Una metrica utilizzata per misurare la soddisfazione del cliente con un prodotto o servizio.

b) **Punteggio netto del promotore (NPS):** una metrica utilizzata per misurare la fedeltà del cliente e la probabilità di consigliare un prodotto o servizio ad altri.

c) **Tasso di fidelizzazione dei clienti:** la percentuale di clienti che continuano a fare affari con un'azienda durante un periodo specifico.

d) **Costo di acquisizione del cliente (CAC):**Questo KPI misura il costo di acquisizione di un nuovo cliente.

e) **Valore medio dell'ordine (VMP):** Questo KPI misura il valore medio dell'ordine di ciascun cliente.

f) **Valore della vita del cliente (VVC):** Questo KPI misura il valore totale che un cliente apporta all'azienda nel corso della sua relazione.

3) **KPI operativi:** I KPI operativi sono parametri utilizzati per misurare l'efficienza e l'efficacia delle operazioni aziendali. Alcuni KPI operativi comuni includono:

   a) **Tasso di rotazione dell'inventario:** il numero di volte in cui l'inventario viene venduto e sostituito in un periodo specifico.

   b) **Tempo di attesa:** tempo necessario per evadere un ordine dal momento in cui viene effettuato.

   c) **Tempo di ciclo:** la quantità di tempo necessaria per completare un'attività o un processo specifico.

   d) **Prestazione:**Questo KPI misura la quantità di lavoro completato entro un determinato periodo di tempo.

e) **Non disponibilità:** Questo KPI misura la quantità di tempo in cui un sistema o una macchina non è disponibile per l'uso.

f) **Tasso di difetti di qualità:** Questo KPI misura il numero di difetti o errori in un prodotto o processo.

g) **Produttività dei dipendenti:** Questo KPI misura la produzione dei dipendenti in un periodo di tempo specifico.

4) **KPI dei dipendenti:**I KPI dei dipendenti sono parametri utilizzati per misurare le prestazioni e il coinvolgimento dei dipendenti. Alcuni KPI comuni dei dipendenti includono:

a) **Tasso di turnover del personale:** la percentuale di dipendenti che lasciano l'azienda in un determinato periodo.

b) **Tasso di assenteismo:**La percentuale di dipendenti assenti dal lavoro durante un periodo specifico.

c) **Coinvolgimento dei dipendenti:** Questo KPI misura il livello di coinvolgimento e soddisfazione dei dipendenti all'interno di un'organizzazione.

d) **Allenamento e sviluppo:** Questo KPI misura il numero di opportunità di formazione e sviluppo offerte ai dipendenti all'interno di un'organizzazione.

e) **Vendite per dipendente:** Questo KPI misura le entrate generate da ciascun dipendente in un determinato periodo di tempo.

f) **Soddisfazione del cliente:** Questo KPI misura la soddisfazione del cliente rispetto al servizio fornito dai dipendenti.

5) **KPI di vendita e marketing:** Questi KPI vengono utilizzati per misurare le prestazioni di vendita e marketing come il tasso di conversione dei lead, il costo di acquisizione dei clienti (CAC) e il traffico del sito web.

Ecco alcuni esempi di KPI di vendita e marketing comunemente utilizzati:

a) **Tasso di conversione dei lead:** la percentuale di lead che si trasformano in clienti paganti.

b) **Costo di acquisizione del cliente (CAC):** Il costo per l'acquisizione di un nuovo cliente, comprese le spese di vendita e di marketing.

c) **Traffico del sito web:** il numero di visitatori del sito web di un'azienda.

d) **Tasso di conversione:** la percentuale di visitatori del sito web che eseguono l'azione desiderata, come effettuare un acquisto o compilare un modulo.

e) **Crescita delle vendite:** Il tasso al quale le vendite di un'azienda aumentano nel tempo.

f) **Valore della vita del cliente (VVC):** Il valore totale stimato di un cliente per un'azienda nel corso della sua relazione.

g) **Ritorno sull'investimento (ROI):** L'importo delle entrate generate da una campagna di vendita o di marketing rispetto all'importo speso per tale campagna.

h) **Tasso di rotazione:** La velocità con cui i clienti smettono di fare affari con un'azienda nel tempo.

6) **KPI di gestione del progetto:**Questi KPI vengono utilizzati per misurare le prestazioni e l'avanzamento dei progetti, come il tasso di completamento del

progetto, il rispetto del budget e le metriche di garanzia della qualità.

a) **Tasso di completamento del progetto:** misura la percentuale di progetti completati entro il tempo e il budget stabiliti.

b) **Rispetto del budget:** misura l'importo speso rispetto al budget del progetto.

c) **Metriche di garanzia della qualità:** misura la qualità del lavoro consegnato in termini di difetti o errori riscontrati durante i test.

d) **Variazione di orario:** misura la differenza tra il programma di progetto pianificato e quello effettivo.

e) **Utilizzo delle risorse:** misura l'utilizzo di risorse quali personale, attrezzature e tempo per completare il progetto.

f) **Soddisfazione del cliente:** misura la soddisfazione del cliente riguardo al risultato del progetto e alle prestazioni del team di progetto.

In sintesi, questi sono solo alcuni esempi dei numerosi KPI che le aziende possono utilizzare per misurare le proprie prestazioni e i progressi verso obiettivi specifici. Selezionando i KPI giusti per i tuoi obiettivi aziendali e allineandoli alla tua strategia aziendale più ampia, puoi ottenere informazioni preziose sulle tue prestazioni e identificare aree di miglioramento.

1) KPI finanziari

I KPI finanziari vengono utilizzati per misurare la salute finanziaria e le prestazioni di un'azienda. Aiutano le aziende a identificare la loro situazione finanziaria e a identificare le aree in cui devono migliorare. Ecco alcuni esempi di KPI finanziari:

a) **Reddito:** Le entrate sono l'importo totale del denaro ricavato dalle vendite in un periodo specifico. È un KPI finanziario fondamentale utilizzato per misurare le prestazioni complessive di un'azienda.

Alcuni esempi di KPI relativi ai ricavi:

i) **Entrate totali:** è l'importo totale di denaro che un'azienda genera dalle vendite durante un periodo specifico, ad esempio un mese o un trimestre.

ii) **Entrate medie per utente:** Questo KPI è comunemente utilizzato dalle aziende che forniscono servizi basati su abbonamento. Misura le entrate medie generate per utente durante un periodo specifico.

iii) **Tasso di crescita dei ricavi:**Questo KPI misura l'aumento o la diminuzione percentuale delle entrate in un periodo specifico rispetto al periodo precedente. Aiuta le aziende a capire quanto velocemente i loro ricavi crescono o diminuiscono.

iv) **Valore della vita del cliente (VVC):** VVC è l'importo totale delle entrate che un'azienda può aspettarsi di generare da un singolo cliente per tutta la durata della sua relazione. Questo KPI è particolarmente importante per le aziende con clienti a lungo termine, come i servizi basati su abbonamento.

v) **Ricavi per dipendente:** Questo KPI misura la quantità di entrate generate da ciascun dipendente. Aiuta le aziende a capire quanto sia efficiente la loro forza lavoro nel generare entrate.

vi) **Quota di mercato:** la quota di mercato misura la percentuale dei ricavi totali generati da un'azienda rispetto ai suoi concorrenti in un mercato specifico. Aiuta le aziende a capire come si comportano rispetto ai concorrenti.

Questi KPI sulle entrate sono essenziali per le aziende per capire quanti soldi stanno guadagnando e se sono sulla buona strada per raggiungere i loro obiettivi di entrate. Monitorando questi parametri, le aziende possono prendere decisioni informate su prezzi, strategie di vendita e altri fattori che influiscono sulle loro entrate.

b) **Margine di profitto lordo:** Il margine di profitto lordo è la percentuale delle entrate che rimane dopo aver detratto il costo delle merci vendute. Aiuta le aziende a capire quanto sono redditizi i loro prodotti o servizi.

Esempi di KPI del margine di profitto lordo:

i) **Margine di profitto lordo:** Questo è il KPI del margine di profitto lordo più basilare, che misura la percentuale di entrate rimanenti dopo aver detratto il costo delle merci vendute. Un margine di profitto lordo più elevato indica che un'azienda sta generando maggiori profitti su ogni vendita.

ii) **Utile lordo per unità:** Questo KPI misura il valore dell'utile lordo generato da ciascuna unità di prodotto o servizio venduto. Aiuta le aziende a comprendere la redditività di ciascuna unità e a identificare modi per migliorare la redditività.

iii) **Margine lordo per linea di prodotto:** Questo KPI misura il margine di profitto lordo per ciascuna linea o categoria di prodotto. Aiuta le aziende a capire quali prodotti generano i maggiori profitti e quali devono essere migliorati.

iv) **Margine lordo per segmento di clientela:**Questo KPI misura il margine di profitto lordo per diversi segmenti di clientela. Aiuta le aziende a capire quali tipi di clienti generano i maggiori profitti e a identificare modi per raggiungerli in modo più efficiente.

v) **Margine lordo per canale di vendita:** Questo KPI misura il margine di profitto lordo per ciascun canale di vendita, come le vendite online, le vendite in negozio o le vendite tramite distributori. Aiuta le aziende a capire quali canali di vendita generano i maggiori profitti e a ottimizzare di conseguenza le loro strategie di vendita.

vi) **Andamento del margine lordo:** Questo KPI misura l'andamento del margine di profitto lordo nel tempo. Aiuta le aziende a identificare se i loro margini di profitto stanno migliorando o diminuendo e ad adottare azioni correttive, se necessario.

Questi KPI del margine di profitto lordo sono essenziali affinché le aziende possano comprendere la redditività dei loro prodotti o servizi e identificare le aree di miglioramento. Monitorando questi parametri, le aziende possono prendere decisioni informate su prezzi, mix di prodotti e altri fattori che influiscono sulla loro redditività.

c) **Margine di profitto netto:** Il margine di profitto netto è la percentuale delle entrate che rimane dopo aver dedotto tutte le spese, comprese tasse e interessi. Fornisce alle aziende un quadro chiaro della loro redditività e le aiuta a capire quanti soldi stanno guadagnando dopo aver considerato tutte le spese.

Esempi di KPI del margine di profitto netto:

i) **Margine di profitto netto:** Questo KPI misura la percentuale di entrate rimanenti dopo aver detratto tutte le spese, comprese le spese operative, le tasse e gli interessi. Fornisce un quadro più completo della redditività di un'azienda rispetto al margine di profitto lordo.

ii) **Margine di profitto operativo:** Questo KPI misura la percentuale di entrate rimanenti dopo aver detratto solo le spese operative come stipendi, affitto e utenze. Aiuta le aziende a capire quanto efficientemente stanno operando e a identificare modi per ridurre le spese.

iii) **Ritorno sull'investimento (ROI):** Questo KPI misura il ritorno sull'investimento generato da un determinato progetto o iniziativa. Aiuta le aziende a capire se un determinato investimento sta generando un rendimento positivo e a prendere decisioni informate sugli investimenti futuri.

iv) **Margine netto per linea di prodotto:** Questo KPI misura il margine di profitto netto per ciascuna linea o categoria di prodotto. Aiuta le aziende a capire quali prodotti generano i maggiori profitti dopo aver detratto tutte le spese e a identificare i modi per migliorare la redditività.

v) **Margine netto per segmento di clientela:**Questo KPI misura il margine di profitto netto per diversi segmenti di clientela. Aiuta le aziende a capire quali tipi di clienti stanno generando il massimo profitto dopo aver detratto tutte le spese e a identificare modi per raggiungere tali clienti in modo più efficiente.

vi) **Andamento del margine netto:** Questo KPI misura l'andamento del margine di profitto netto nel tempo. Aiuta le aziende a identificare se la loro redditività sta migliorando o diminuendo e, se necessario, intraprendere azioni correttive.

Questi KPI del margine di profitto netto sono essenziali per le aziende per capire quanto profitto stanno generando dopo aver detratto tutte le spese e per identificare le aree di miglioramento. Tracciando questi parametri, le aziende possono prendere decisioni informate su prezzi, controllo dei costi e altri fattori che incidono sulla loro redditività.

d) **Ritorno sull'investimento (ROI):** Il ritorno sull'investimento è il valore del ritorno sull'investimento, espresso come percentuale dell'investimento iniziale. Aiuta le aziende a capire quanti soldi stanno guadagnando con i loro investimenti e le aiuta a prendere decisioni di investimento migliori.

Esempi di KPI di ritorno sull'investimento (ROI):

i) **ROI del marketing:** Questo KPI misura il ritorno sull'investimento generato dalle campagne di marketing. Aiuta le aziende a capire quali attività di marketing generano maggiori entrate e a ottimizzare di conseguenza la spesa di marketing.

ii) **ROI del capitale:** Questo KPI misura il ritorno sull'investimento generato dagli investimenti di capitale, come l'acquisto di attrezzature o l'apertura di una nuova sede. Aiuta le aziende a capire se i loro investimenti stanno generando un rendimento positivo e a prendere decisioni informate sugli investimenti futuri.

iii) **ROI dei dipendenti:** Questo KPI misura il ritorno sull'investimento generato dall'assunzione e dalla formazione dei dipendenti. Aiuta le aziende a capire se il loro investimento nei dipendenti sta generando un rendimento positivo e a identificare modi per migliorare la produttività e le prestazioni dei dipendenti.

iv) **ROI sui social media:**Questo KPI misura il ritorno sull'investimento generato dalle attività sui social media. Aiuta le aziende a capire se i loro sforzi sui social media stanno generando un ritorno positivo e a ottimizzare di conseguenza la loro strategia sui social media.

v) **ROI della tecnologia:** Questo KPI misura il ritorno sull'investimento generato dagli investimenti tecnologici, come l'acquisto di software o hardware. Aiuta le aziende a capire se i loro investimenti tecnologici stanno generando un rendimento positivo e a identificare modi per migliorare l'efficienza e la produttività.

vi) **ROI del cliente:** Questo KPI misura il ritorno sull'investimento generato dall'acquisizione e dalla fidelizzazione dei clienti. Aiuta le aziende a comprendere il valore della vita di un cliente e a identificare modi per migliorare la fidelizzazione e la fidelizzazione dei clienti.

Questi KPI ROI sono essenziali affinché le aziende possano comprendere il ritorno sui propri investimenti e prendere decisioni informate sugli investimenti futuri. Tracciando questi parametri, le aziende possono identificare le aree di miglioramento, ottimizzare i propri investimenti e massimizzare la redditività complessiva.

e) **Rapporto spese operative:** Il rapporto spese operative è la percentuale delle entrate spese per spese operative quali affitto, stipendi e utenze. Aiuta le aziende a capire quanto efficientemente stanno operando e se stanno spendendo troppi soldi in spese operative.

Esempi di KPI relativi al rapporto spese operative:

i) **Rapporto spese vendite e marketing:** Questo KPI misura la percentuale di entrate spese in attività di vendita e marketing. Aiuta le aziende a capire se le spese di vendita e marketing stanno generando un rendimento positivo e a identificare modi per ottimizzare la spesa.

ii) **Tasso di spese generali e amministrative:** Questo KPI misura la percentuale delle entrate spese per attività generali e amministrative, come affitto, servizi pubblici e stipendi. Aiuta le aziende a capire quanto efficientemente stanno operando e a identificare modi per ridurre le spese.

iii) **Rapporto spese ricerca e sviluppo:**Questo KPI misura la percentuale di entrate spese in attività di ricerca e sviluppo. Aiuta le aziende a comprendere il livello di investimento nell'innovazione e a identificare modi per migliorare lo sviluppo e l'innovazione dei prodotti.

iv) **Indice dei costi operativi per linea di prodotto:** Questo KPI misura il rapporto tra le spese operative per ciascuna linea o categoria di prodotto. Aiuta le aziende a capire quali prodotti generano la maggior parte delle spese e a identificare modi per ridurre i costi e migliorare la redditività.

v) **Indice dei costi operativi per segmento di clientela:**Questo KPI misura il rapporto tra spese operative per diversi segmenti di clientela. Aiuta le aziende a capire quali tipologie di clienti generano la maggior parte delle spese e a identificare modi per ridurre i costi e migliorare la redditività.

vi) **Andamento dei costi operativi:** Questo KPI misura l'andamento delle spese operative nel tempo. Aiuta le aziende a identificare se le loro spese sono in aumento o in diminuzione e ad adottare azioni correttive, se necessario.

Questi KPI relativi al rapporto tra spese operative e costi operativi sono essenziali per consentire alle aziende di comprendere l'efficienza con cui operano e identificare le aree di miglioramento. Tracciando questi parametri, le aziende possono prendere decisioni informate sul controllo dei costi, dei prezzi e di altri fattori che influiscono sulla loro redditività.

f) **Debito rispetto al patrimonio netto:** Il debito rispetto al capitale proprio è l'importo del debito di una società rispetto al suo capitale proprio. Aiuta le aziende a capire quanto debito portano e se devono adottare misure per ridurlo.

Esempi di KPI debito-capitale:

1. **Debito totale rispetto al capitale proprio:** Questo KPI misura il livello complessivo del debito rispetto al capitale proprio dell'azienda. Aiuta le aziende a comprendere il proprio livello di leva finanziaria e a identificare potenziali rischi finanziari.

2. **Debito a lungo termine rispetto al capitale proprio:** Questo KPI misura il debito a lungo termine rispetto al capitale proprio dell'azienda.

Aiuta le aziende a comprendere il livello degli obblighi finanziari a lungo termine e a gestire il carico del debito.

3. **Debito a breve termine rispetto al capitale proprio:** Questo KPI misura il debito a breve termine rispetto al capitale proprio dell'azienda. Aiuta le aziende a comprendere la propria posizione di liquidità e a gestire i propri obblighi di debito a breve termine.

4. **Tasso di copertura del servizio del debito:** Questo KPI misura la capacità dell'azienda di far fronte ai propri obblighi di debito con il proprio reddito operativo. Aiuta le aziende a comprendere la loro capacità di gestire il proprio debito ed evitare il default.

5. **Rapporto debito:** Questo KPI misura il debito totale in relazione al totale delle attività dell'azienda. Aiuta le aziende a comprendere il proprio livello di rischio finanziario e a identificare modi per gestire il proprio carico di debito.

6. **Rapporto di copertura degli interessi:** Questo KPI misura la capacità dell'azienda di far fronte ai propri obblighi di interesse dal proprio reddito operativo. Aiuta le aziende a comprendere la loro capacità di pagare i propri debiti ed evitare il default.

Nel complesso, i KPI finanziari come questi KPI Debt to Equity sono essenziali per consentire alle aziende di comprendere il proprio livello di leva finanziaria e di rischio finanziario e gestire il carico di debito in modo efficace. Tracciando questi parametri, le aziende possono prendere decisioni informate sulla struttura del capitale, sulle opzioni di finanziamento e sulle strategie di gestione del debito che possono garantire che siano sulla buona strada per raggiungere i propri obiettivi finanziari e possano adottare misure per risolvere eventuali problemi che si presentano.

2) KPI del cliente

I KPI dei clienti vengono utilizzati per misurare le prestazioni di un'azienda nel soddisfare le esigenze e le aspettative dei suoi clienti. Ecco alcuni esempi comuni di KPI dei clienti:

a) **Punteggio di soddisfazione del cliente (PSC):** Questo KPI misura la soddisfazione complessiva del cliente con i prodotti o servizi dell'azienda. Di solito viene misurato attraverso sondaggi o moduli di feedback e può aiutare le aziende a capire quanto stanno soddisfacendo le esigenze dei clienti.

Il punteggio di soddisfazione del cliente (PSC) è un KPI comunemente utilizzato per misurare il livello di soddisfazione dei clienti rispetto a un prodotto, servizio o esperienza. Ecco alcuni esempi di domande PSC che possono essere utilizzate per misurare questo KPI:

i) Su una scala da 1 a 10, quanto sei soddisfatto del nostro prodotto/servizio?

ii) Come valuteresti la tua esperienza complessiva con la nostra azienda?

iii) Il nostro prodotto/servizio ha soddisfatto le tue aspettative?

iv) Consiglieresti il nostro prodotto/servizio ad altri?

v) Quanto bene abbiamo risolto il tuo problema?

Sulla base delle risposte a queste domande, le aziende possono calcolare il proprio punteggio PSC e utilizzarlo per identificare le aree di miglioramento e misurare l'impatto delle modifiche apportate al prodotto/servizio.

b) **Punteggio netto del promotore (NPS):** Questo KPI misura la probabilità che i clienti consiglino l'azienda ad altri. Di solito viene misurato attraverso sondaggi e può aiutare le aziende a comprendere la fedeltà dei propri clienti.

Il Net Promoter Score (NPS) è una metrica utilizzata per misurare la fedeltà e la soddisfazione dei clienti. Chiede ai clienti quanto è probabile che consiglino il prodotto o il servizio di un'azienda ad altri su una scala da 0 a 10. In base alle loro risposte, i clienti vengono classificati in tre gruppi:
   i) Promotori (punteggio 9 o 10)
   ii) Passivi (punteggio 7 o 8)
   iii) Detrattori (punteggio da 0 a 6)

L'NPS viene calcolato sottraendo la percentuale di detrattori dalla percentuale di promotori.

Ad esempio, se il 50% dei clienti sono promotori e il 20% detrattori, l'NPS sarebbe 30 (50 - 20 = 30).

Alcuni esempi di utilizzo dell'NPS come KPI del cliente sono:

(1) Una società di software monitora l'NPS per misurare la soddisfazione dei clienti con i suoi prodotti e servizi. Usano il feedback dei detrattori per identificare le aree di miglioramento e dare priorità agli sforzi di assistenza clienti.

(2) Un negozio al dettaglio tiene traccia dell'NPS per misurare la fedeltà dei clienti e identificare

opportunità per aumentare gli affari ripetuti. Usano il feedback dei promotori per identificare le strategie di marketing più efficaci e premiare i clienti fedeli.

(3) Un operatore sanitario monitora l'NPS per misurare la soddisfazione dei pazienti rispetto ai propri servizi. Usano il feedback passivo per identificare le aree di miglioramento nella comunicazione e nella cura del paziente.

c) **Tasso di fidelizzazione dei clienti:** Questo KPI misura la percentuale di clienti che continuano a fare affari con l'azienda per un periodo di tempo. Può aiutare le aziende a capire come stanno fidelizzando i clienti e identificare le aree di miglioramento.

Il tasso di fidelizzazione dei clienti è un KPI comune dei clienti che misura la percentuale di clienti che continuano a fare affari con un'azienda in un determinato periodo di tempo. Ecco alcuni esempi su come calcolare e interpretare il tasso di fidelizzazione dei clienti:

i) Esempio 1:

(1) Numero iniziale di clienti: 500

(2) Numero di clienti a fine periodo: 450

(3) Tasso di fidelizzazione del cliente = $((450 - (500-30))/500) \times 100$

(4) Tasso di fidelizzazione dei clienti = 92%

Interpretazione: l'azienda è riuscita a fidelizzare il 92% dei suoi clienti nel periodo indicato, il che è un forte indicatore della fedeltà dei clienti.

    ii)   Esempio 2:

        (1) Numero iniziale di clienti: 1000

        (2) Numero di clienti a fine periodo: 950

        (3) Nuovi clienti acquisiti nel periodo: 75

        (4) Tasso di fidelizzazione dei clienti = $((950 - 75)/1000) \times 100$

        (5) Tasso di fidelizzazione dei clienti = 87,5%

Interpretazione: sebbene l'azienda sia riuscita a mantenere l'87,5% dei clienti esistenti, ha anche perso un numero significativo di clienti durante il periodo, il che indica la necessità di migliorare la soddisfazione del cliente o gli sforzi di fidelizzazione.

d) **Costo di acquisizione del cliente (CAC):** Questo KPI misura il costo di acquisizione di un nuovo cliente. Può aiutare le aziende a comprendere l'efficacia dei propri sforzi di marketing e vendita e a identificare opportunità per ridurre i costi.

Il costo di acquisizione del cliente (CAC) è una metrica finanziaria che calcola il costo totale sostenuto da un'azienda per acquisire un nuovo cliente. La formula per calcolare il CAC è la seguente:

i) CAC = Costi totali di vendita e marketing / Numero di nuovi clienti acquisiti

Esempi di KPI CAC per diverse aziende:

(1) Attività di e-commerce: se un'attività di e-commerce spendesse $ 10.000 in marketing e pubblicità e acquisisse 100 nuovi clienti, il CAC sarebbe $ 100.

(2) Azienda di software: se un'azienda di software spendesse 50.000 dollari in vendite e marketing e acquisisse 50 nuovi clienti, il CAC sarebbe di 1.000 dollari.

(3) Negozio al dettaglio: se un negozio al dettaglio spendesse 5.000 dollari in pubblicità e marketing e acquisisse 500 nuovi clienti, il CAC sarebbe di 10 dollari.

(4) Attività basata sui servizi: se un'azienda basata sui servizi spendesse $ 20.000 in marketing e vendite e acquisisse 50 nuovi clienti, il CAC sarebbe $ 400.

e) **Valore medio dell'ordine (VMP):**
Questo KPI misura il valore medio
dell'ordine di ciascun cliente. Può
aiutare le aziende a comprendere il
comportamento dei clienti e
identificare opportunità per
aumentare le entrate.

Il valore medio dell'ordine
(VMP) è un KPI del cliente che misura
l'importo medio speso da un cliente
per transazione. Questo KPI è
importante perché aiuta le aziende a
capire quanti ricavi stanno generando
da ciascuna interazione con il cliente.

Esempi di VMP includono:
(1) Un rivenditore online
calcola il suo VMP
dividendo le entrate

totali di tutte le transazioni per il numero di ordini effettuati durante un periodo di tempo specifico.

(2) Un ristorante calcola il suo VMP dividendo le entrate totali guadagnate da tutti gli ordini per il numero di ordini effettuati durante un periodo di tempo specifico.

(3) Una società di software calcola il proprio VMP dividendo i ricavi totali guadagnati da tutte le licenze software vendute per il numero di licenze vendute durante uno specifico periodo di tempo.

f) **Valore della vita del cliente (VVC):** Questo KPI misura il valore totale che un cliente apporta all'azienda nel corso della sua relazione. Può aiutare le aziende a comprendere il valore a lungo termine dei propri clienti e a identificare opportunità per aumentare la fidelizzazione e la fidelizzazione.

Il Customer Lifetime Value (CVP) è un KPI che misura l'importo totale di denaro che un cliente dovrebbe spendere per i prodotti o i servizi di un'azienda nel corso della sua vita. È una metrica importante perché può aiutare un'azienda a determinare il valore dell'acquisizione di nuovi clienti e del mantenimento di quelli esistenti.

Esempi di valore della vita del cliente includono:

(1) Una società basata su abbonamento stima che un cliente tipico rimarrà abbonato per 24 mesi e pagherà $ 50 al mese. Il VVC stimato sarebbe di 1.200 dollari.

(2) Una società di e-commerce calcola che il cliente medio spende $ 100 per ordine, effettua 4 acquisti all'anno e rimane cliente per una media di 3 anni. Il VVC stimato sarebbe pari a 1.200 USD (100 USD x 4 x 3).

(3) Una società di app mobile stima che l'utente medio spenda $ 5 al mese in

acquisti in-app e utilizzerà l'app per una media di 6 mesi. Il VVC stimato sarebbe di 30 dollari USA.

(4) Una catena di negozi al dettaglio stima che il cliente medio spenda $ 50 per visita, effettui 4 visite all'anno e rimanga cliente per una media di 5 anni. Il VVC stimato sarebbe di 1.000 USD (50 USD x 4 x 5).

Calcolando il valore della vita del cliente, un'azienda può prendere decisioni informate sulle strategie di acquisizione e fidelizzazione dei clienti. Un VVC elevato indica che un'azienda dovrebbe concentrarsi sul mantenimento dei clienti esistenti, mentre un VVC basso può indicare la necessità di acquisire nuovi clienti.

Questi KPI dei clienti sono essenziali per le aziende per misurare e migliorare l'esperienza, la fidelizzazione e la fedeltà dei clienti. Tracciando questi parametri, le aziende possono prendere decisioni informate sulle proprie attività di marketing e vendita, sul servizio clienti e sullo sviluppo del prodotto per soddisfare meglio le esigenze e le aspettative dei clienti.

3) KPI operativi

I KPI operativi vengono utilizzati per misurare l'efficienza e l'efficacia di un'azienda nelle sue operazioni. Ecco alcuni esempi comuni di KPI operativi:

a) **Tasso di rotazione dell'inventario:** il numero di volte in cui l'inventario viene venduto e sostituito in un periodo specifico. Può aiutare le aziende a comprendere le proprie pratiche di gestione dell'inventario e identificare opportunità per ridurre i costi.

Il turnover delle scorte è un KPI operativo chiave che misura la rapidità con cui un'azienda è in grado di vendere il proprio inventario e sostituirlo con nuovo inventario. Si calcola dividendo il costo dei beni venduti per l'inventario medio disponibile in un dato periodo di tempo. Esempi di KPI relativi al turnover dell'inventario includono:

i) **Tasso di rotazione mensile dell'inventario:**Questo KPI misura la frequenza con cui un'azienda vende e sostituisce il proprio inventario ogni mese. Si calcola dividendo il costo dei prodotti venduti per l'inventario medio del mese.

ii) **Tasso di rotazione annuale delle scorte:** Questo KPI misura quante volte un'azienda vende e sostituisce il proprio inventario ogni anno. Si calcola dividendo il costo dei prodotti venduti per l'inventario medio dell'anno.

iii) **Giorni di rotazione delle scorte:** Questo KPI misura quanti giorni impiega un'azienda per vendere e ricostituire il proprio inventario. Si calcola dividendo l'inventario medio per il costo giornaliero delle merci vendute.

iv) **Margine lordo di ritorno sull'investimento:**Questo KPI misura la redditività delle scorte di un'azienda confrontando l'utile lordo con l'investimento medio nelle scorte. Si calcola dividendo l'utile lordo per l'investimento medio in inventario.

b) **Tempo di attesa:** tempo necessario per evadere un ordine dal momento in cui viene effettuato.

Il tempo di attesa è un importante KPI operativo che misura il tempo necessario per completare un processo dall'inizio alla fine. Ecco alcuni esempi di KPI relativi ai tempi di attesa per diversi settori:

i) **Produzione:** Il tempo di produzione di un prodotto dal momento in cui viene ricevuto l'ordine al momento in cui viene spedito al cliente.

ii) **Logistica e catena di fornitura**: Il tempo di consegna di un prodotto dal momento in cui viene ordinato al momento in cui viene ricevuto dal cliente.

iii) **Costruzione**: Il tempo di attesa per il completamento di un progetto dal momento in cui viene firmato il contratto al momento in cui viene completato.

iv) **Assistenza sanitaria**: il tempo di attesa per fornire assistenza medica dal momento in cui un paziente richiede un appuntamento al momento in cui riceve il trattamento.

v) **Sviluppo informatico e software:** Il lead time per il completamento di un progetto dal tempo richiesto viene definito al momento in cui il prodotto finale viene consegnato al cliente.

Misurare i tempi di attesa può aiutare le organizzazioni a identificare le aree in cui possono migliorare i propri processi, ridurre gli sprechi e le inefficienze e fornire un servizio migliore ai propri clienti.

c) **Tempo di ciclo:**la quantità di tempo necessaria per completare un'attività o un processo specifico. Può aiutare le aziende a identificare i colli di bottiglia e le inefficienze nelle loro operazioni.

Il tempo di ciclo è un KPI operativo che misura il tempo necessario per il completamento di un processo.

Alcuni esempi di KPI del tempo di ciclo in diversi settori includono:

i)   **Produzione:**Il tempo necessario affinché un prodotto venga realizzato dall'inizio alla fine.

ii) **La logistica:**Il tempo necessario affinché un ordine venga elaborato, ritirato, imballato e spedito al cliente.

iii) **Assistenza sanitaria:** Il tempo necessario affinché un paziente riceva cure mediche, dalla visita iniziale alla diagnosi e al trattamento.

iv) **DI**: il tempo impiegato da un team di sviluppo software per completare un progetto, dalla pianificazione alla distribuzione.

v)   **Assistenza clienti:**il tempo necessario per risolvere una richiesta o un reclamo del cliente.

Misurando il tempo di ciclo, le aziende possono identificare i colli di bottiglia nei loro processi e apportare modifiche per migliorare l'efficienza e la produttività.

d) **Prestazione:** Questo KPI misura la quantità di lavoro completato entro un determinato periodo di tempo. Può aiutare le aziende a comprendere le proprie capacità e identificare opportunità per aumentare l'efficienza.

Il rendimento è un KPI operativo che misura la velocità con cui un'azienda può produrre e fornire i propri prodotti o servizi. È la quantità di lavoro completata in un periodo di tempo specifico, solitamente misurata in unità orarie o giornaliere.

Esempi di KPI di throughput includono:

i) **Guadagno di produzione:** misura la velocità con cui la linea di produzione di un'azienda produce prodotti finiti.

ii) **Tasso di rendimento delle vendite:** misura la velocità con cui il team di vendita di un'azienda è in grado di concludere affari e generare ricavi.

iii) **Guadagno di consegna:** misura la velocità con cui un'azienda è in grado di fornire i propri prodotti o servizi ai clienti.

iv) **Tasso di rendimento del servizio clienti:** misura la velocità con cui il team del servizio clienti di un'azienda è in grado di rispondere e risolvere le domande o i problemi dei clienti.

e) **Non disponibilità:** Questo KPI misura la quantità di tempo in cui un sistema o una macchina non è disponibile per l'uso. Può aiutare le aziende a identificare guasti alle apparecchiature o ai processi e a dare priorità alla manutenzione o alle riparazioni.

Il tempo di inattività o il tempo di inattività è una misura della quantità di tempo in cui un sistema o un'apparecchiatura non è operativa. In un contesto operativo, i tempi di inattività possono avere un impatto significativo sulla produttività e sull'efficienza ed è quindi un importante KPI da monitorare. Esempi di KPI relativi ai tempi di inattività includono:

i) **Efficacia complessiva dell'attrezzatura (EGE):** L'EGE è una misura dell'efficacia dell'utilizzo dell'attrezzatura. Viene calcolato come il prodotto di tre fattori: disponibilità (la percentuale di tempo in cui l'attrezzatura è disponibile per la produzione), prestazioni (il tasso di produzione effettivo rispetto al tasso di produzione ideale) e qualità (la percentuale di buona produzione rispetto al totale produzione).

ii) **Tempo medio tra i guasti (TMEF):** TMEF è una misura del tempo medio tra i guasti delle apparecchiature. Si calcola dividendo il tempo di funzionamento totale dell'apparecchiatura per il numero di guasti.

iii) **Tempo medio di riparazione (TMR):** La TMR è una misura del tempo medio necessario per riparare l'apparecchiatura dopo un guasto. Si calcola dividendo il tempo di inattività totale per il numero di guasti.

iv) **Tempi di inattività pianificati:** Il tempo di inattività pianificato è la quantità di tempo in cui l'apparecchiatura viene intenzionalmente messa offline per manutenzione, aggiornamenti o altri scopi.

v) **Tempi di inattività non pianificati:** Il tempo di inattività non pianificato è il periodo di tempo in cui l'apparecchiatura rimane offline a causa di guasti imprevisti o altri problemi.

f) **Tasso di difetti di qualità:** Questo KPI misura il numero di difetti o errori in un prodotto o processo. Può aiutare le aziende a identificare le aree di miglioramento nei loro processi di controllo qualità.

Il tasso di difetti di qualità è un KPI operativo chiave che misura la percentuale di prodotti o servizi che non soddisfano gli standard di qualità. Esempi di KPI relativi al tasso di difetti di qualità includono:

    i) **Resa al primo passaggio:** misura la percentuale di prodotti o servizi che soddisfano gli standard di qualità durante il primo ciclo di produzione.

    ii) **Frequenza di rimbalzo:** misura la percentuale di prodotti o servizi che vengono rifiutati durante i controlli di qualità.

iii) **Difetti per unità:** misura il numero di difetti per prodotto o unità di servizio prodotta.

iv) **Reclami dei clienti:** misura il numero di reclami ricevuti dai clienti relativi alla qualità del prodotto o del servizio.

v) **Tasso di rilavorazione:** misura la percentuale di prodotti o servizi che richiedono rilavorazioni a causa di problemi di qualità.

g) **Produttività dei dipendenti:** Questo KPI misura la produzione dei dipendenti in un periodo di tempo specifico. Può aiutare le aziende a identificare le aree di miglioramento nella gestione e nella produttività della propria forza lavoro.

Esempi di KPI di produttività dei dipendenti includono:

i) **Vendite per dipendente:** Questo KPI misura la quantità di entrate generate per dipendente. Si calcola dividendo il fatturato totale per il numero dei dipendenti.

ii) **Produzione oraria:** Questo KPI misura la quantità di lavoro completato da un dipendente in un'ora. Si calcola dividendo la produzione totale per il numero di ore lavorate.

iii) **Tasso di turnover del personale:**Questo KPI misura la velocità con cui i dipendenti lasciano l'azienda. Si calcola dividendo il numero di dipendenti che lasciano l'azienda per il numero medio di dipendenti in un dato periodo.

iv) **Tasso di assenteismo:**Questo KPI misura il tasso di assenza dal lavoro dei dipendenti. Si calcola dividendo il numero totale di giorni di assenza per il numero totale di giorni lavorativi possibili durante un dato periodo.

v) **Tempo per completare le attività:** Questo KPI misura la quantità di tempo necessaria ai dipendenti per completare le attività. Viene calcolato monitorando il tempo impiegato dai dipendenti per completare le attività e analizzando i dati per identificare le aree di miglioramento.

vi) **Tasso di errore:** Questo KPI misura il numero di errori commessi dai dipendenti durante un determinato periodo. Si calcola dividendo il numero totale di errori per il numero totale di attività completate durante il periodo.

vii) **Indice di soddisfazione del cliente:** Questo KPI misura il livello di soddisfazione del cliente rispetto al servizio fornito dai dipendenti. Viene calcolato attraverso sondaggi tra i clienti e analisi dei dati per identificare le aree di miglioramento.

Questi KPI operativi sono essenziali affinché le aziende possano misurare e migliorare la propria efficienza, produttività e redditività. Tracciando questi parametri, le aziende possono identificare le aree di miglioramento nelle loro operazioni, ridurre i costi e aumentare le entrate.

4) KPI dei dipendenti

I KPI dei dipendenti vengono utilizzati per misurare le prestazioni e la produttività dei dipendenti all'interno di un'organizzazione. Ecco alcuni esempi comuni di KPI dei dipendenti:

a) **Tasso di turnover dei dipendenti:** Questo KPI misura la percentuale di dipendenti che lasciano l'azienda entro un determinato periodo di tempo. Può aiutare le aziende a comprendere le proprie pratiche di fidelizzazione e identificare le aree di miglioramento nel coinvolgimento e nella soddisfazione dei dipendenti.

Il tasso di turnover dei dipendenti è un KPI comune utilizzato per misurare la velocità con cui i dipendenti lasciano un'azienda in un determinato periodo di tempo. Ecco alcuni esempi di come calcolare e utilizzare questo KPI:

i) **Tasso di turnover complessivo dei dipendenti:**è il numero totale di dipendenti che hanno lasciato l'azienda in un dato periodo diviso per il numero totale di dipendenti all'inizio dello stesso periodo, espresso in percentuale.

(1) Esempio: Se un'azienda avesse 500 dipendenti all'inizio dell'anno e ne uscissero 50 durante l'anno, il tasso di turnover sarebbe del 10% (50/500).

ii) **Tasso di turnover dipartimentale:** è il tasso di turnover calcolato per uno specifico reparto dell'azienda.

  (1) Esempio: se il reparto vendite avesse 25 dipendenti all'inizio dell'anno e 5 di loro se ne andassero durante l'anno, il tasso di turnover del reparto vendite sarebbe del 20% (5/25).

iii) **Costo del fatturato:** è il costo totale associato alla sostituzione di un dipendente, compreso il reclutamento, la formazione e la perdita di produttività durante il periodo di transizione.

  (1) Esempio: se il costo di sostituzione di un dipendente è di $ 5.000 e

l'azienda ha un tasso di turnover del 10%, il costo totale del turnover sarà di $ 250.000 (5.000 x 50).

b) **Tasso di assenteismo:**Questo KPI misura la percentuale di tempo in cui i dipendenti sono assenti dal lavoro. Può aiutare le aziende a identificare modelli e ragioni dell'assenteismo dei dipendenti e ad attuare politiche per ridurli.

    Alcuni esempi di KPI relativi al tasso di assenteismo sono:

i) **Numero medio di giorni di assenza per dipendente all'anno:** Questo KPI misura il numero medio di giorni di assenza di ciascun dipendente all'anno, fornendo un'indicazione del livello complessivo di assenteismo nell'organizzazione.

ii) **Tasso di assenteismo:** Questo KPI misura la percentuale di giorni lavorativi programmati in cui i dipendenti sono assenti, indicando l'impatto complessivo dell'assenteismo sull'organizzazione.

iii) **Costo dell'assenteismo:** Questo KPI misura i costi diretti e indiretti associati all'assenteismo dei dipendenti, tra cui la perdita di produttività, i costi di sostituzione e le spese per gli straordinari.

iv) **Analisi dell'andamento del tasso di assenteismo:** Questo KPI tiene traccia dei cambiamenti del tasso di assenteismo nel tempo, fornendo informazioni sull'efficacia degli interventi volti a ridurre l'assenteismo.

c) **Coinvolgimento dei dipendenti:** Questo KPI misura il livello di coinvolgimento e soddisfazione dei dipendenti all'interno di un'organizzazione. Può aiutare le aziende a capire come si sentono i dipendenti riguardo al proprio lavoro, al ruolo che svolgono nell'organizzazione e ai loro rapporti con i colleghi.

Il coinvolgimento dei dipendenti è una metrica utilizzata per valutare il livello di impegno, motivazione e soddisfazione dei dipendenti nel loro ambiente di lavoro. Alcuni esempi di KPI utilizzati per misurare il coinvolgimento dei dipendenti includono:

i) **Punteggio Promoter Netto dei Dipendenti (eNPS):** Similmente al Net Promoter Score utilizzato per i clienti, l'eNPS viene calcolato in base alle risposte dei dipendenti a una domanda del sondaggio sulla probabilità con cui consiglieranno la tua azienda come luogo di lavoro.

ii) **Indagini sulla soddisfazione dei dipendenti:** Queste indagini possono essere utilizzate per valutare la soddisfazione dei dipendenti rispetto a vari aspetti del loro lavoro, incluso il rapporto con il proprio manager, le opportunità di crescita e sviluppo e l'ambiente di lavoro generale.

iii) **Tasso di fidelizzazione dei dipendenti:** Questo KPI misura la percentuale di dipendenti che rimangono in azienda per un certo periodo di tempo. Tassi di fidelizzazione elevati suggeriscono che i dipendenti sono soddisfatti del proprio lavoro e dell'azienda.

iv) **Tasso di turnover del personale:** A differenza del tasso di fidelizzazione, questo KPI misura la percentuale di dipendenti che lasciano l'azienda entro un determinato periodo di tempo. Un tasso di turnover elevato può suggerire che ci siano problemi con il coinvolgimento dei dipendenti o la soddisfazione sul lavoro.

v) **Produttività dei dipendenti:** Questo KPI misura la quantità di lavoro che i dipendenti sono in grado di produrre durante un dato periodo di tempo.

Un'elevata produttività può suggerire che i dipendenti sono coinvolti e motivati nel loro lavoro.

d) **Allenamento e sviluppo:** Questo KPI misura il numero di opportunità di formazione e sviluppo offerte ai dipendenti all'interno di un'organizzazione. Può aiutare le aziende a identificare le aree di miglioramento nei programmi di sviluppo dei dipendenti e garantire che i dipendenti abbiano le competenze necessarie per svolgere il proprio lavoro in modo efficiente.

Alcuni esempi di KPI relativi alla formazione e allo sviluppo dei dipendenti sono:

i) **Tasso di completamento della formazione:** Questo KPI misura la percentuale di dipendenti che hanno completato i corsi di formazione richiesti entro un determinato periodo di tempo. Aiuta a valutare l'efficacia dei programmi di formazione e a identificare eventuali problemi che devono essere affrontati.

ii) **Ore medie di formazione per dipendente:** Questo KPI misura il numero medio di ore di formazione completate da ciascun dipendente. Aiuta a valutare gli investimenti effettuati nei programmi di formazione e sviluppo e a identificare eventuali lacune nelle conoscenze o nelle competenze che devono essere colmate.

iii) **Livello di abilità del dipendente:**Questo KPI misura il livello di conoscenze e competenze possedute dai dipendenti, sulla base di una valutazione o valutazione. Ciò aiuta a identificare le aree in cui i dipendenti necessitano di ulteriore formazione o sviluppo e aiuta a garantire che i dipendenti abbiano le competenze necessarie per svolgere il proprio lavoro in modo efficiente.

iv) **Tasso di promozione dei dipendenti:** Questo KPI misura la percentuale di dipendenti che vengono promossi a posizioni più elevate all'interno dell'organizzazione. Aiuta a valutare l'efficacia dei programmi di formazione e sviluppo e a identificare potenziali candidati per futuri ruoli di leadership.

v) **Soddisfazione dei dipendenti rispetto alla formazione e allo sviluppo:** Questo KPI misura il livello di soddisfazione dei dipendenti rispetto ai programmi di formazione e sviluppo offerti dall'organizzazione. Ciò aiuta a identificare le aree in cui è possibile apportare miglioramenti e garantisce che i dipendenti si sentano supportati e apprezzati.

e) **Vendite per dipendente:** Questo KPI misura le entrate generate da ciascun dipendente in un determinato periodo di tempo. Può aiutare le aziende a comprendere la produttività della propria forza lavoro e identificare opportunità per aumentare le entrate.

Le vendite per dipendente sono un KPI che misura le entrate generate da ciascun dipendente. Si calcola dividendo il ricavo totale per il numero dei dipendenti dell'azienda. Questo KPI può aiutare a misurare l'efficienza e la produttività complessive del team di vendita e anche fornire informazioni sul potenziale di crescita e redditività.

Esempi di KPI di vendita per dipendente:

i) L'azienda A ha generato entrate per 5 milioni di dollari lo scorso anno con un totale di 50 dipendenti. Le vendite per dipendente verrebbero calcolate come 5 milioni di dollari divise per 50, con un conseguente fatturato per dipendente di 100.000 dollari.

ii) L'azienda B ha generato entrate per 2,5 milioni di dollari con un totale di 25 dipendenti. Le vendite per dipendente verrebbero calcolate come 2,5 milioni di dollari divise per 25, con un conseguente fatturato per dipendente di 100.000 dollari.

iii) L'azienda C ha generato entrate per 10 milioni di dollari con un totale di 100 dipendenti. Le vendite per dipendente verrebbero calcolate come 10 milioni di dollari divise per 100, con un conseguente fatturato per dipendente di 100.000 dollari.

In questo esempio, tutte e tre le società hanno lo stesso rapporto vendite per dipendente, che indica livelli simili di produttività ed efficienza nella generazione di ricavi per dipendente. Tuttavia, confrontando questo rapporto nel tempo o con i concorrenti dello stesso settore, un'azienda può identificare le aree di miglioramento e fissare obiettivi per aumentare le vendite per dipendente.

f) **Soddisfazione del cliente:**Questo KPI misura la soddisfazione del cliente rispetto al servizio fornito dai dipendenti. Può aiutare le aziende a comprendere l'impatto delle prestazioni dei dipendenti sulla soddisfazione del cliente e identificare le aree di miglioramento nelle pratiche di servizio al cliente.

i) **Tasso di risoluzione del primo contatto:** misura la percentuale di domande o problemi dei clienti risolti da un dipendente durante la prima interazione con il cliente.

ii) **Reattività al feedback dei clienti:** misura la velocità e l'efficacia della risposta di un dipendente al feedback o ai reclami dei clienti.

iii) **Indice di qualità delle chiamate:** misura la qualità delle interazioni telefoniche di un dipendente con i clienti, sulla base di fattori quali professionalità, empatia e accuratezza.

iv) **Tasso di up-sell/cross-sell:** misura la capacità di un dipendente di identificare e sfruttare le opportunità di vendita con i clienti esistenti.

v) **Tempo per la risoluzione:** misura il tempo impiegato da un dipendente per risolvere un problema del cliente, dal momento in cui viene segnalato al momento in cui viene risolto.

Questi KPI dei dipendenti sono essenziali per le aziende per misurare e migliorare le prestazioni, il coinvolgimento e la fidelizzazione dei dipendenti. Tracciando questi parametri, le aziende possono identificare le aree di miglioramento nella gestione della propria forza lavoro e implementare politiche e programmi per aumentare la produttività, ridurre il turnover e migliorare la soddisfazione dei dipendenti.

5) KPI di vendita e marketing

I KPI di vendita e marketing sono fondamentali per valutare l'efficacia degli sforzi di vendita e marketing di un'azienda.

a) **Tasso di conversione dei lead:**la percentuale di lead che si trasformano in clienti paganti.

Esempi di KPI del tasso di conversione dei lead includono:

i) **Portare al tasso di conversione del cliente:**misura la percentuale di lead che si trasformano in clienti paganti. Per calcolare questo KPI, dividi il numero di nuovi clienti per il numero di lead e moltiplicalo per 100.

ii) **Tasso di conversione da lead qualificati per il marketing (MQL) a lead qualificati per le vendite (SQL):** misura la percentuale di MQL convertiti in SQL, considerati pronti per il monitoraggio delle vendite. Per calcolare questo KPI, dividi il numero di SQL per il numero di MQL e moltiplicalo per 100.

iii) **Tasso di opportunità di vincita:**misura la percentuale di opportunità (prospect che si sono qualificati e hanno espresso interesse all'acquisto) che si trasformano in vendite chiuse. Per calcolare questo KPI, dividi il numero di vendite chiuse per il numero di opportunità e moltiplicalo per 100.

iv) **Tasso di conversione per canale:** misura il tasso di conversione dei lead in base al canale di marketing attraverso il quale sono arrivati, come e-mail, social media o pubblicità a pagamento. Questo può aiutarti a identificare quali canali sono più efficaci per generare lead e quali potrebbero richiedere un'ottimizzazione.

v) **Tasso di tempo di conversione:**misura il tempo necessario affinché un lead si trasformi in un cliente pagante. Per calcolare questo KPI, dividi il tempo totale impiegato da un lead per convertire per il numero di lead convertiti.

b) **Costo di acquisizione del cliente (CAC):** Il costo per l'acquisizione di un nuovo cliente, comprese le spese di vendita e marketing.

Alcuni esempi di KPI relativi al costo di acquisizione del cliente (CAC) sono:

i) **CAC per canale di marketing:** Questo KPI ti aiuta a identificare quali canali di marketing stanno guidando l'acquisizione di clienti più conveniente. Monitorando il CAC per canale di marketing, le aziende possono adattare la propria strategia di marketing per concentrarsi sui canali che offrono il miglior ritorno sull'investimento (ROI).

ii) **Periodo di rimborso del CAC:** Questo KPI misura il tempo impiegato da un'azienda per recuperare il costo di acquisizione di un nuovo cliente. Un periodo di recupero più breve indica che un'azienda genera entrate da nuovi clienti più rapidamente, il che può aiutare a migliorare il flusso di cassa e la redditività.

iii) **Taxa CAC:** Questo KPI confronta il costo di acquisizione di un nuovo cliente con il valore che il cliente genera nel corso della sua vita. Un rapporto CAC elevato può indicare che un'azienda sta spendendo troppo per l'acquisizione di clienti in relazione al valore che tali clienti apportano all'azienda.

iv) **CAC per segmento di clientela:** Questo KPI ti aiuta a identificare quali segmenti di clienti sono più convenienti da raggiungere. Monitorando il CAC per segmento di clientela, le aziende possono adattare la propria strategia di marketing e vendita per concentrarsi sui segmenti che offrono il miglior ROI.

c) **Traffico del sito web:** il numero di visitatori del sito web di un'azienda.

Esempi di KPI relativi al traffico del sito web includono:

i) **Visitatori Singoli:** il numero di individui unici che visitano il tuo sito web durante un determinato periodo di tempo.

ii) **Visualizzazioni di pagina:** il numero totale di pagine visualizzate sul tuo sito web durante un determinato periodo di tempo.

iii) **Tempo fuori sede:** la quantità media di tempo che i visitatori trascorrono sul tuo sito web per sessione.

iv) **Frequenza di rimbalzo:**la percentuale di visitatori che abbandonano il tuo sito web dopo aver visualizzato solo una pagina.

v) **Commissione di uscita:** la percentuale di visitatori che lasciano il tuo sito web da una pagina specifica.

vi) **Tasso di conversione:** la percentuale di visitatori che completano un'azione desiderata sul tuo sito web, come effettuare un acquisto o compilare un modulo.

vii) **Sorgenti di traffico:** i canali attraverso i quali i visitatori arrivano al tuo sito web, come ricerca organica, social media o pubblicità a pagamento.

d) **Tasso di conversione:** la percentuale di visitatori del sito web che eseguono l'azione desiderata, come effettuare un acquisto o compilare un modulo.

Il tasso di conversione è un KPI di vendita e marketing utilizzato per misurare la percentuale di visitatori del sito Web o di lead che eseguono l'azione desiderata, come effettuare un acquisto o compilare un modulo.

Esempi di KPI del tasso di conversione includono:

i) **Tasso di conversione e-commerce:** misura la percentuale di visitatori del sito web che completano un acquisto su un sito di e-commerce.

ii) **Tasso di conversione dei lead:** misura la percentuale di lead che diventano clienti paganti.

iii) **Tasso di conversione della pagina di destinazione:** misura la percentuale di visitatori che eseguono l'azione desiderata su una specifica pagina di destinazione.

iv) **Tasso di conversione e-mail:** misura la percentuale di destinatari che intraprendono l'azione desiderata dopo aver ricevuto una campagna email.

v) **Tasso di conversione dei social media:** misura la percentuale di utenti che eseguono l'azione desiderata dopo aver interagito

con un post o un annuncio sui
social media.

e) **Crescita delle vendite:** Il tasso al
quale le vendite di un'azienda
aumentano nel tempo.

La crescita delle vendite è un KPI che
misura l'aumento o la diminuzione dei ricavi
delle vendite in un periodo specifico. Ecco
alcuni esempi:

  i) **Crescita delle vendite anno su
  anno:**misura l'aumento o la
  diminuzione percentuale del
  fatturato da un anno all'altro.

  ii) **Crescita delle vendite
  trimestre su trimestre:** misura
  l'aumento o la diminuzione
  percentuale dei ricavi delle
  vendite da un trimestre a quello
  successivo.

iii) **Crescita mensile delle vendite:** misura l'aumento o la diminuzione percentuale dei ricavi delle vendite da un mese a quello successivo.

iv) **Crescita delle vendite specifiche del prodotto:** misura l'aumento o la diminuzione percentuale dei ricavi delle vendite per un prodotto specifico o una categoria di prodotti durante un periodo specifico.

v) **Crescita delle vendite specifica del mercato:** misura l'aumento o la diminuzione percentuale dei ricavi delle vendite per un mercato o una regione specifici durante un periodo specifico.

f) **Valore della vita del cliente (VVC):** Il valore totale stimato di un cliente per un'azienda nel corso della sua relazione.

Il Customer Lifetime Value (CVP) è un KPI di vendita e marketing che misura l'importo totale delle entrate che un cliente genererà per un'azienda nel corso della sua vita.

Esempi di KPI VVC includono:

i) **VVC medio:** è l'importo medio delle entrate che un cliente genererà durante la sua vita con l'azienda.

ii) **Rapporto VVC/CAC:** Questo KPI misura la relazione tra il valore della vita del cliente e il costo di acquisizione di quel cliente. Più alto è l'indice, più redditizia sarà la strategia di acquisizione dei clienti.

iii) **Analisi di coorte VVC:** L'analisi di coorte consente alle aziende di monitorare i cambiamenti nel VVC nel tempo per gruppi di clienti che condividono determinate caratteristiche, come l'età o la cronologia degli acquisti.

g) **Ritorno sull'investimento (ROI):** L'importo delle entrate generate da una campagna di vendita o di marketing rispetto all'importo speso per tale campagna.

Alcuni esempi di ritorno sull'investimento (ROI) come KPI di vendita e marketing sono:

i)   **ROI della campagna:** misura la redditività di una specifica campagna di marketing confrontando le entrate generate con il costo della campagna.

ii) **ROI sui social media:** misura l'efficacia degli sforzi sui social media confrontando le entrate generate con il costo delle campagne sui social media.

iii) **ROI del marketing dei contenuti:** misura l'efficacia degli sforzi di content marketing confrontando le entrate generate dal content marketing con il costo di creazione e distribuzione dei contenuti.

iv) **ROI del team di vendita:** misura l'efficacia del team di vendita confrontando i ricavi generati dal team di vendita con il costo di stipendi, commissioni e altre spese relative alle vendite.

v) **ROI pubblicitario:** misura l'efficacia degli sforzi pubblicitari confrontando le entrate generate dalla pubblicità con il costo della campagna pubblicitaria.

h) **Tasso di rotazione:** La velocità con cui i clienti smettono di fare affari con un'azienda nel tempo.

Il tasso di abbandono è un KPI di vendita e marketing che misura la velocità con cui i clienti smettono di fare affari con un'azienda in un determinato periodo di tempo.

Alcuni esempi di KPI del tasso di abbandono includono:

i) **Tasso di abbandono dei clienti:** Misura la percentuale di clienti che hanno smesso di fare affari con l'azienda in un dato periodo.

ii) **Tasso di fatturato delle entrate:** Misura la percentuale di entrate perse a causa dell'abbandono dei clienti in un determinato periodo.

iii) **Tasso di fatturato lordo:** Misura il numero totale di clienti persi a causa dell'abbandono in un dato periodo.

iv) **Tasso di fatturato netto:** Misura la variazione del numero totale di clienti dopo aver contabilizzato l'acquisizione di nuovi clienti e il tasso di abbandono.

v) **Tasso di abbandono delle entrate ricorrenti mensili:** misura la percentuale di entrate ricorrenti perse a causa dell'abbandono dei clienti in un determinato periodo.

6) KPI di gestione del progetto

I KPI di gestione del progetto sono essenziali per misurare le prestazioni e i progressi del progetto, ed ecco alcuni esempi:

a) **Tasso di completamento del progetto:** misura la percentuale di progetti completati entro il tempo e il budget stabiliti.

Ecco alcuni esempi di KPI relativi al tasso di completamento del progetto:

i) **Tassa di consegna puntuale:** questo KPI misura la percentuale di progetti completati entro la data di completamento prevista.

ii) **Tasso di completamento traguardo:** Questo KPI misura

la percentuale di traguardi del progetto che sono stati completati in tempo.

iii) **Tasso di completamento delle attività:**Questo KPI misura la percentuale di attività del progetto completate in tempo.

iv) **Tasso di completamento pianificato rispetto a quello effettivo:** Questo KPI misura la percentuale di progetti completati secondo il piano e il budget originali.

v) **Tasso di accettazione:**Questo KPI misura la percentuale di progetti che sono stati accettati dal cliente o dall'utente finale.

b) **Rispetto del budget:** misura l'importo speso rispetto al budget del progetto.

Di seguito sono riportati alcuni esempi di KPI per il rispetto del budget nella gestione dei progetti:

i) **Costo effettivo x Budget:** Questo KPI confronta i costi effettivi del progetto con i costi preventivati, consentendoti di misurare quanto stai rispettando il budget.

ii) **Variazione dei costi:** Questo KPI misura la differenza tra il costo preventivato e il costo effettivo di un progetto, fornendo informazioni sull'efficienza del team di progetto.

iii) **Valore aggiunto:** Questo KPI misura la quantità di lavoro completato rispetto al budget pianificato, fornendo un'indicazione sullo stato di avanzamento del progetto e se il progetto è sulla buona strada.

iv) **Utilizzo del budget:**Questo KPI misura la percentuale del budget utilizzato nel progetto. Può aiutare a identificare i progetti che sono fuori budget o sotto budget e fornire informazioni per migliorare la gestione del budget per progetti futuri.

v) **ROI:** Questo KPI misura il ritorno sull'investimento del progetto e aiuta a determinare se il progetto ha prodotto valore in linea con i costi preventivati.

c) **Metriche di garanzia della qualità:** misura la qualità del lavoro consegnato in termini di difetti o errori riscontrati durante i test.

Alcuni esempi di metriche di garanzia della qualità per la gestione dei progetti includono:

i) **Densità dei difetti:** Questa metrica misura il numero di difetti rilevati per unità di lavoro, ad esempio per 1.000 righe di codice o per funzionalità.

ii) **Testare la copertura:** Questa metrica misura la percentuale della base di codice coperta da test automatizzati.

iii) **Tempo medio di riparazione:**Questa metrica misura il tempo medio necessario per correggere difetti o problemi.

iv) **Soddisfazione del cliente con i risultati finali del progetto:** questa metrica misura la soddisfazione del cliente rispetto al prodotto o servizio finale.

v) **Consegna puntuale:** Questa metrica misura la percentuale di progetti completati entro o prima della scadenza prevista.

d) **Variazione di orario:** misura la differenza tra il programma di progetto pianificato e quello effettivo.

La varianza della pianificazione è un KPI di gestione del progetto che misura la differenza tra la pianificazione pianificata di un progetto e la pianificazione effettiva. Si calcola sottraendo il programma pianificato dal programma effettivo e può essere espresso in percentuale.

Esempi di KPI di variazione della pianificazione includono:

i) **Date di inizio e fine pianificate rispetto a quelle effettive:** Questo KPI misura le date effettive di inizio e fine di un progetto rispetto alle date pianificate. Aiuta a identificare se il progetto è in anticipo o in ritardo sulla pianificazione.

ii) **Percentuale di completamento:** Questo KPI misura la percentuale di lavoro che è stata completata rispetto al programma pianificato. Aiuta a identificare se il progetto è sulla buona strada per rispettare le scadenze.

iii) **Tempo per completare le attività:** Questo KPI misura il tempo necessario per completare le singole attività all'interno del progetto. Ciò ti aiuta a identificare se le attività richiedono più tempo del previsto e ad adattare la pianificazione di conseguenza.

iv) **Analisi del percorso critico:** Questo KPI aiuta a identificare il percorso critico di un progetto e a determinare le attività più importanti per il successo del progetto. Ciò aiuta a garantire che queste attività vengano completate in tempo per evitare ritardi.

e) **Utilizzo delle risorse:** misura l'utilizzo di risorse quali personale, attrezzature e tempo per completare il progetto.

KPI di gestione del progetto - esempi di utilizzo delle risorse:

i) **Tasso di utilizzo delle risorse:** Questo KPI misura la percentuale di tempo in cui una risorsa viene utilizzata in modo efficace. Ad esempio, se un membro del team di progetto lavora 40 ore a settimana e ne dedica 32 al progetto, il tasso di utilizzo delle risorse sarà dell'80%.

ii) **Gestione del tempo:**Questo KPI misura quanto bene le risorse gestiscono il loro tempo nel progetto. Ad esempio, se un membro del team non rispetta sempre le scadenze o impiega più tempo del previsto per completare le attività, ciò potrebbe indicare una scarsa gestione del tempo.

iii) **Produttività delle risorse:**Questo KPI misura l'output di lavoro prodotto da una risorsa rispetto alle risorse investite in essa. Ad esempio, se un membro del team completa un volume elevato di lavoro con errori minimi, ciò indica un'elevata produttività delle risorse.

iv) **Tasso di completamento delle attività:** Questo KPI misura la percentuale di attività completate entro un periodo di tempo specifico. Ad esempio, se un membro del team completa il 90% delle attività assegnate in una settimana, la percentuale di completamento delle attività sarà del 90%.

v) **Tariffa per gli straordinari:** Questo KPI misura la percentuale di tempo in cui le risorse effettuano straordinari. Ad esempio, se un membro del team fa 10 ore di straordinario in una settimana, la percentuale di straordinario sarebbe del 25% se le sue ore normali fossero 40.

f) **Soddisfazione del cliente:** misura la soddisfazione del cliente riguardo al risultato del progetto e alle prestazioni del team di progetto.

KPI di gestione del progetto – Esempi di soddisfazione del cliente:

i) **Indice di soddisfazione del cliente:** Misura la soddisfazione complessiva del cliente rispetto al progetto. Può essere misurato attraverso sondaggi, moduli di feedback o interviste ai clienti.

ii) **Consegna puntuale:** Misura la puntualità con cui il team di progetto ha consegnato il progetto in tempo. Un tasso di consegna puntuale elevato indica buone pratiche di gestione del progetto e un uso efficiente delle risorse.

iii) **Densità dei difetti:** misura il numero di difetti riscontrati nei deliverable del progetto. Una bassa densità di difetti indica che il team di progetto sta realizzando prodotti di alta qualità.

iv) **Tariffa per la richiesta di modifica:** misura la frequenza delle richieste di modifica da parte dei clienti. Un tasso elevato di richieste di modifica indica che il team di progetto risponde alle esigenze e ai requisiti del cliente.

v) **Tasso di fidelizzazione dei clienti:** Misura la percentuale di clienti che continuano a utilizzare il prodotto o servizio dopo il completamento del progetto. Un elevato tasso di fidelizzazione dei clienti indica che il team di progetto ha fornito un prodotto o un servizio che soddisfa le esigenze e le aspettative del cliente.

capitolo 4

Misurazione e analisi dei KPI

Una volta identificati i tuoi KPI, è essenziale misurarli e analizzarli regolarmente per monitorare i progressi verso i tuoi obiettivi. Ecco alcuni passaggi per aiutarti a misurare e analizzare in modo efficace i KPI:

1) **Raccogliere e organizzare i dati:**assicurati di avere i dati necessari per monitorare accuratamente i tuoi KPI. I dati devono essere raccolti in modo coerente e archiviati in un formato strutturato.

2) **Scegli una frequenza di misurazione:** decidi quanto spesso misurerai i tuoi KPI. La

frequenza dipenderà dal KPI e dagli obiettivi impostati.

3) **Definire gli obiettivi:** Imposta obiettivi per ciascun KPI in base ai tuoi obiettivi. Questi obiettivi devono essere specifici, misurabili e raggiungibili.

4) **Analizzare le tendenze:** Utilizza visualizzazioni come grafici e tabelle per identificare le tendenze nei tuoi KPI. Cerca cambiamenti nei dati nel tempo e analizza i fattori che potrebbero aver influenzato questi cambiamenti.

5) **Individuare le aree di miglioramento:** Utilizza l'analisi dei dati per identificare le aree in cui puoi migliorare le prestazioni. Ciò potrebbe includere processi operativi, programmi di formazione o strategie di coinvolgimento dei clienti.

6) **Recitare:** Sviluppare e implementare piani d'azione per affrontare le aree di miglioramento identificate nella fase 5. Questi piani dovrebbero essere specifici e

misurabili, con tempistiche e responsabilità chiare.

7) **Monitorare i progressi:** Monitora regolarmente i progressi rispetto ai tuoi obiettivi KPI e adatta i tuoi piani d'azione secondo necessità.

Seguendo questi passaggi, puoi misurare e analizzare in modo efficiente i tuoi KPI per migliorare le prestazioni della tua azienda e raggiungere i tuoi obiettivi. Ricorda, i KPI sono preziosi solo se li utilizzi per informare il processo decisionale e guidare l'azione.

Raccolta dati

La raccolta di dati accurati e affidabili è fondamentale per misurare e analizzare in modo efficace i KPI. Di seguito sono riportati alcuni suggerimenti per aiutarti a raccogliere i dati giusti per i tuoi KPI:

1) **Identificare le origini dati:** determinare da dove verranno i dati per i tuoi KPI. Ciò può includere sistemi interni come software di contabilità o di gestione delle relazioni con i clienti (CRM) o fonti esterne come rapporti di ricerche di mercato.

2) **Garantire la qualità dei dati:**garantire che i dati raccolti siano accurati, completi e coerenti. Ciò può comportare l'implementazione di controlli sulla qualità dei dati, come controlli automatizzati di

convalida dei dati o revisioni manuali dei dati.

3) **Scegli i formati dati appropriati:**Seleziona i formati dati appropriati, come tabelle o fogli di calcolo, per organizzare e archiviare i tuoi dati.

4) **Utilizza gli strumenti di visualizzazione dei dati:** Utilizza strumenti di visualizzazione dei dati come diagrammi e grafici per aiutarti a interpretare e comunicare i tuoi dati KPI in modo efficace.

5) **Monitorare la raccolta dei dati:** Monitorare regolarmente i processi di raccolta dei dati per garantire che continuino a funzionare come previsto. Ciò può includere la revisione dei metodi di raccolta dei dati, il monitoraggio della qualità dei dati e la verifica dell'accuratezza dei dati raccolti.

Implementando questi suggerimenti, puoi assicurarti di raccogliere dati accurati e affidabili per misurare e analizzare in modo efficiente i tuoi KPI.

Visualizzazione dei KPI

La visualizzazione dei KPI è una parte importante dell'analisi e della comunicazione efficace dei dati. Ecco alcuni suggerimenti per visualizzare i KPI:

1) **Scegli il giusto tipo di grafico:** Esistono molti tipi di grafici, inclusi grafici a barre, grafici a linee e grafici a torta. Scegli la tipologia di grafico che più si adatta al KPI che stai visualizzando e al messaggio che vuoi trasmettere.

2) **Semplificare:** evitare di ingombrare le visualizzazioni con informazioni non necessarie. Mantieni la tua grafica pulita e semplice, con etichette chiare e una tavolozza di colori limitata.

3) **Evidenzia punti dati importanti:** utilizzare colori, dimensioni o altri segnali visivi per

attirare l'attenzione su dati o tendenze importanti.

4) **Utilizza una formattazione coerente:** Mantieni le tue visualizzazioni coerenti nella formattazione e nello stile in modo che siano facili da leggere e confrontare.

5) **Rendilo interattivo:** Utilizza strumenti interattivi, come funzionalità di drill-down o descrizioni comandi al passaggio del mouse, per consentire agli utenti di esplorare ulteriormente i dati.

Seguendo questi suggerimenti, puoi creare visualizzazioni efficaci che ti aiutano ad analizzare e comunicare i tuoi dati KPI in modo più efficiente.

Interpretazione dei KPI

Interpretare i KPI è un passaggio cruciale per utilizzarli in modo efficace. Ecco alcuni suggerimenti per interpretare i dati KPI:

1) **Stabilisci i parametri di riferimento:** Stabilisci parametri di riferimento per i tuoi KPI per aiutarti a capire come stai andando rispetto ai tuoi obiettivi o agli standard di settore.

2) **Analizzare le tendenze:** cerca le tendenze nei tuoi dati KPI nel tempo per identificare le aree di miglioramento o per riconoscere quando stai ottenendo buoni risultati.

3) **Confronta i dati:** Confronta i tuoi dati KPI tra diversi dipartimenti o unità aziendali per identificare aree di forza o di debolezza.

4) **Considera il contesto:** Considera i fattori esterni, come le condizioni economiche o le

tendenze del settore, che potrebbero influenzare i tuoi KPI.

5) **Aja com base nos insights:** Utilizza le informazioni acquisite dall'analisi dei dati KPI per prendere decisioni informate e agire per migliorare le prestazioni.

Seguendo questi suggerimenti, puoi interpretare i tuoi dati KPI in modo efficace e utilizzarli per prendere decisioni informate che migliorano le prestazioni della tua azienda.

Azione basata su KPI

Agire sui KPI è l'obiettivo finale della loro misurazione e analisi. Ecco alcuni suggerimenti per utilizzare i KPI per incentivare l'azione:

1) **Definire gli obiettivi:** Utilizza i tuoi dati KPI per stabilire obiettivi specifici e misurabili in linea con i tuoi obiettivi aziendali.

2) **Assegnare responsabilità:** assegna responsabilità chiare per il raggiungimento dei tuoi obiettivi KPI a individui o team della tua organizzazione.

3) **Monitorare i progressi:** monitora continuamente i tuoi dati KPI per tenere traccia dei progressi verso i tuoi obiettivi e apportare le modifiche necessarie.

4) **Comunicare i risultati:** Comunica regolarmente i risultati dei KPI alle parti interessate della tua organizzazione per tenerli informati e coinvolti.

5) **Agire:** utilizza le informazioni acquisite dall'analisi dei dati KPI per agire e apportare miglioramenti nelle aree in cui non raggiungi i tuoi obiettivi.

Seguendo questi suggerimenti, puoi utilizzare i dati KPI per incentivare l'azione e migliorare le prestazioni aziendali nel tempo.

In conclusione, misurare e analizzare i KPI è un processo importante che aiuta le aziende a monitorare i propri progressi verso obiettivi specifici e a prendere decisioni informate. Scegliendo i KPI giusti, raccogliendo dati accurati, visualizzando e interpretando i risultati e agendo sulla base delle informazioni acquisite, le aziende possono migliorare continuamente le proprie prestazioni e raggiungere il successo. Ricordati di rivedere regolarmente i tuoi KPI e apportare le modifiche necessarie per assicurarti di monitorare sempre le metriche giuste e di fare progressi verso i tuoi obiettivi. Con il giusto approccio, i KPI possono essere un potente strumento per favorire il successo aziendale.

Capitolo 5

Implementazione dei KPI

L'implementazione dei KPI comporta diversi passaggi importanti che sono fondamentali per il tuo successo. In questo capitolo discuteremo questi passaggi in dettaglio.

1) **Identificare le principali parti interessate:** Prima di implementare i KPI, è importante identificare le principali parti interessate che saranno coinvolte nel processo, inclusi dirigenti, manager e dipendenti che saranno responsabili della raccolta e dell'analisi dei dati.

2) **Seleziona i KPI rilevanti:** seleziona i KPI rilevanti per i tuoi obiettivi e traguardi

aziendali. È inoltre necessario garantire che i KPI siano specifici, misurabili, realizzabili, pertinenti e con limiti di tempo (SMART).

3) **Definire gli obiettivi KPI:** Stabilisci obiettivi realistici per ciascun KPI in base alle prestazioni passate, ai benchmark di settore e agli obiettivi aziendali.

4) **Determinare i metodi di raccolta dei dati:** Determina come raccoglierai i dati per ciascun KPI, se tramite l'immissione manuale dei dati o tramite un sistema automatizzato.

5) **Stabilire processi di analisi dei dati:** Stabilire processi per l'analisi dei dati KPI, incluso chi sarà responsabile dell'analisi dei dati, quanto spesso verranno analizzati e come verranno presentati.

6) **Sviluppare piani d'azione:** Sviluppa piani d'azione per ciascun KPI, inclusi passaggi specifici che verranno adottati per migliorare le prestazioni se gli obiettivi non vengono raggiunti.

7) **Comunicare KPI e progressi:**Comunicare i KPI e i progressi verso gli obiettivi alle principali parti interessate dell'organizzazione, inclusi dirigenti, manager e dipendenti. Ciò garantirà che tutti siano consapevoli dei progressi compiuti e possano agire se necessario.

8) **Esaminare e rivedere regolarmente i KPI:** Esamina e rivedi regolarmente i KPI secondo necessità per garantire che rimangano pertinenti ai tuoi obiettivi e traguardi aziendali. Ciò ti aiuterà anche a identificare nuovi KPI che potrebbe essere necessario aggiungere nel tempo.

Seguendo questi passaggi, puoi implementare con successo i KPI nella tua organizzazione e utilizzarli per migliorare le prestazioni e raggiungere i tuoi obiettivi aziendali.

Ottenere il consenso degli stakeholder

Ottenere il consenso degli stakeholder è un passo cruciale per implementare efficacemente i KPI. Le parti interessate possono includere dirigenti, manager, dipendenti e persino clienti. È importante coinvolgerli nel processo e ottenere la loro opinione su quali KPI siano più rilevanti per l'azienda.

Un modo per ottenere il consenso delle parti interessate è mostrare loro come i KPI possono aiutare l'azienda a raggiungere i suoi obiettivi. Questo può essere fatto fornendo esempi di come i KPI sono stati utilizzati con successo in altre organizzazioni o settori. Inoltre, le parti interessate possono vedere come i KPI possono aiutarli a prendere decisioni migliori fornendo informazioni in tempo reale sulle prestazioni aziendali.

Un altro modo per ottenere il consenso degli stakeholder è coinvolgerli nella selezione e nel monitoraggio dei KPI. Coinvolgendo le parti interessate nel processo, avranno un maggiore senso di appartenenza e di investimento nel successo dei KPI.

È anche importante comunicare regolarmente con le parti interessate sui progressi relativi ai KPI. Ciò può includere rapporti periodici, presentazioni o riunioni per discutere i dati e qualsiasi modifica necessaria per migliorare le prestazioni.

Nel complesso, ottenere il consenso delle parti interessate è fondamentale per il successo dell'implementazione dei KPI. Coinvolgendoli nel processo e mostrando loro i vantaggi dei KPI, le aziende possono creare una cultura di misurazione delle prestazioni e miglioramento continuo.

Impostazione di sistemi di tracciamento e reporting

L'impostazione di sistemi di monitoraggio e reporting è una parte essenziale dell'implementazione dei KPI. Per monitorare in modo efficace i KPI, le aziende devono disporre di metodi di raccolta dati, strumenti di analisi e sistemi di reporting affidabili.

Uno dei primi passi nella creazione di sistemi di monitoraggio e reporting è identificare le fonti di dati che verranno utilizzate per misurare i KPI. Queste fonti possono includere sistemi interni come software di contabilità, software di gestione delle relazioni con i clienti (CRM) e sistemi di pianificazione delle risorse aziendali (ERP), nonché fonti esterne come rapporti di ricerche di mercato e analisi dei social media. .

Una volta identificate le fonti dei dati, le aziende devono sviluppare processi per raccogliere, organizzare e analizzare i dati. Ciò può comportare la creazione di data warehouse o data lake, l'implementazione di processi di pulizia e normalizzazione dei dati e l'utilizzo di strumenti di analisi dei dati come software di business intelligence o strumenti di visualizzazione dei dati.

Anche il reporting è una componente fondamentale del monitoraggio dei KPI. Le aziende dovrebbero stabilire strutture e frequenze di segnalazione chiare, compreso chi riceverà le segnalazioni e con quale frequenza verranno fornite. I report devono essere facili da comprendere, visivamente accattivanti e fornire informazioni utili.

Infine, le aziende devono stabilire un sistema per monitorare regolarmente i KPI e apportare le modifiche necessarie. Ciò può comportare l'impostazione di avvisi o notifiche quando i KPI non rientrano negli intervalli accettabili, lo sviluppo di piani di emergenza per potenziali fallimenti dei KPI e la revisione regolare delle prestazioni dei KPI con le parti interessate.

Nel complesso, la creazione di sistemi di monitoraggio e reporting efficaci è fondamentale per il successo dell'implementazione dei KPI. Stabilendo fonti di dati affidabili, implementando robusti strumenti di analisi e reporting dei dati e monitorando regolarmente i KPI, le aziende possono ottenere informazioni preziose sulle proprie prestazioni e prendere decisioni basate sui dati per migliorare le proprie operazioni.

Comunicare i KPI ai dipendenti

Una volta identificati i KPI, è importante comunicarli ai dipendenti. Questo li aiuta a capire quali sono gli obiettivi dell'azienda e come possono contribuire al loro raggiungimento. Ecco alcuni suggerimenti per comunicare in modo efficace i KPI ai dipendenti:

1) **Spiegare i KPI:** Assicurati che i dipendenti capiscano cosa significa ciascun KPI e perché è importante. Fornire definizioni ed esempi chiari di come viene misurato ciascun KPI.

2) **Mostra come i KPI si allineano agli obiettivi aziendali:** aiutare i dipendenti a capire in che modo i KPI rispetto ai quali vengono misurati si allineano con gli obiettivi e le strategie generali dell'azienda.

3) **Stabilisci le aspettative**: Comunicare chiaramente le aspettative prestazionali e il successo in termini di raggiungimento dei KPI.

4) **Fornire aggiornamenti regolari:** mantenere i dipendenti informati sulle loro prestazioni rispetto ai KPI fornendo aggiornamenti regolari e rapporti sui progressi.

5) **Festeggia i successi:** Riconoscere e festeggiare quando i dipendenti raggiungono o superano i KPI per dimostrare che il loro duro lavoro è apprezzato e apprezzato.

Comunicare in modo efficace i KPI può motivare i dipendenti a migliorare le proprie prestazioni e contribuire al successo dell'azienda.

Monitoraggio e adeguamento continui dei KPI

Una volta implementati i KPI, è importante monitorarli continuamente e adattarli se necessario. Ciò garantisce che i KPI rimangano pertinenti e allineati con gli obiettivi e la strategia dell'azienda. Ecco alcuni suggerimenti per monitorare e adattare i KPI in modo efficace:

1) **Imposta revisioni regolari:** Pianifica revisioni regolari dei KPI per assicurarti che siano ancora pertinenti e allineati con gli obiettivi aziendali. Questa operazione può essere eseguita mensilmente, trimestralmente o annualmente a seconda della natura dei KPI.

2) **Monitorare i progressi:** Monitorare regolarmente i progressi rispetto ai KPI per identificare le aree in cui è possibile

apportare miglioramenti. Ciò consente interventi tempestivi e azioni correttive.

3) **Analizzare i risultati:** Analizzare i risultati KPI per identificare tendenze e modelli. Ciò può fornire informazioni sull'efficacia delle strategie attuali e sulle opportunità di miglioramento.

4) **Modifica i KPI:** Sulla base dei risultati del monitoraggio e dell'analisi, adatta i KPI secondo necessità per allinearti meglio agli obiettivi aziendali o per riflettere le mutevoli condizioni del mercato.

5) **Comunicare i cambiamenti:**Comunicare eventuali modifiche ai KPI ai dipendenti e alle parti interessate e spiegare le ragioni alla base dei cambiamenti.

Il monitoraggio e l'adeguamento continui dei KPI aiutano a garantire che rimangano pertinenti ed efficaci nel misurare i progressi verso gli obiettivi aziendali. Consente inoltre un intervento tempestivo per risolvere eventuali problemi che si presentano.

In conclusione, l'implementazione dei KPI richiede un'attenta pianificazione, esecuzione e valutazione continua per garantire che siano allineati con gli obiettivi aziendali e forniscano informazioni preziose per il processo decisionale. È importante ottenere il consenso delle parti interessate, impostare sistemi di monitoraggio e reporting, comunicare i KPI ai dipendenti e monitorare e adattare continuamente i KPI secondo necessità. Seguendo questi passaggi, le organizzazioni possono utilizzare in modo efficace i KPI per misurare le prestazioni, identificare le aree di miglioramento e favorire il successo.

Inoltre, è importante ricordare che la scelta dei KPI giusti, il loro allineamento con obiettivi specifici e la garanzia che siano misurabili sono fattori critici per un'implementazione di successo. Inoltre, interpretare e agire in base ai KPI è altrettanto importante. Monitorando e adattando continuamente i KPI, le aziende possono prendere decisioni basate sui dati, migliorare le proprie prestazioni e ottenere un vantaggio competitivo. Nel complesso, i KPI sono uno strumento potente che può aiutare le aziende a raggiungere i propri obiettivi e favorire il successo.

Buone pratiche per l'applicazione dei KPI

Ecco alcune best practice per applicare i KPI in modo efficace:

1. **Scegli i KPI giusti:** seleziona KPI che siano in linea con i tuoi obiettivi aziendali e siano misurabili.

2. **Stabilisci obiettivi raggiungibili:** assicurati che i tuoi KPI siano legati a obiettivi specifici, misurabili, realizzabili, pertinenti e con limiti di tempo (SMART).

3. **Mantienilo semplice:** evitare di utilizzare troppi KPI. Concentrati su quelli più critici che ti aiuteranno a misurare i progressi verso i tuoi obiettivi.

4. **Monitorare e rivedere regolarmente i KPI:** monitorare regolarmente i KPI e rivederli a

intervalli prestabiliti per determinare i progressi e prendere decisioni informate.

5. **Comunicare i KPI in modo efficace:** garantire che tutte le parti interessate siano consapevoli dei KPI e della loro rilevanza per gli obiettivi aziendali. Utilizza visualizzazioni chiare e concise per rendere i dati più facili da comprendere.

6. **Assegnare la responsabilità:** assegnare la proprietà dei KPI a individui o team specifici all'interno dell'organizzazione. Ciò garantisce responsabilità e aumenta le probabilità di successo.

7. **Analizzare e agire:** analizzare i KPI e agire in base alle informazioni acquisite. Utilizza i dati per identificare le aree di miglioramento e prendere decisioni basate sui dati.

8. **Migliorare continuamente:** Rivedi e adatta regolarmente i KPI per garantire che rimangano pertinenti agli obiettivi aziendali

e continuino a fornire approfondimenti significativi.

Seguendo queste best practice, le aziende possono utilizzare in modo efficace i KPI per avere successo e raggiungere i propri obiettivi.

Strumenti KPI

Sono disponibili diversi strumenti e software per aiutare le aziende a monitorare e analizzare i propri KPI. Ecco alcuni esempi:

1. **Eccellere:** Microsoft Excel è uno strumento popolare per la creazione e il monitoraggio dei KPI. Consente un facile inserimento e manipolazione dei dati e fornisce una varietà di opzioni di visualizzazione.

2. **Pittura:** Tableau è un software di visualizzazione dei dati che consente agli utenti di creare dashboard e report interattivi. Può connettersi a una varietà di origini dati ed è utile per visualizzare dati KPI complessi.

3. **Statistiche di Google:** Google Analytics è uno strumento gratuito che fornisce informazioni sul traffico del sito web e sul comportamento degli utenti. Include una

varietà di KPI come frequenza di rimbalzo, durata della sessione e tasso di conversione.

4. **QuickBooks:** QuickBooks è un software di contabilità che include una varietà di KPI finanziari come entrate, margine di profitto e ritorno sull'investimento. Fornisce inoltre report e dashboard personalizzabili.

5. **Forza vendita:** Salesforce è un software di gestione delle relazioni con i clienti (CRM) che include una varietà di KPI incentrati sul cliente come il costo di acquisizione del cliente, il tasso di fidelizzazione del cliente e il valore della vita del cliente.

6. **Potenza BI:**Power BI è uno strumento di analisi e visualizzazione dei dati di Microsoft. Consente agli utenti di creare dashboard e report interattivi e include una varietà di connettori dati per estrarre dati da diverse fonti.

In definitiva, la scelta dello strumento dipenderà dalle esigenze specifiche della tua azienda e dal tipo di KPI che devi monitorare. È importante scegliere uno strumento facile da usare e che fornisca le funzionalità necessarie per le esigenze di monitoraggio e analisi dei KPI.

www.ingramcontent.com/pod-product-compliance
Lightning Source LLC
Chambersburg PA
CBHW070933290526
45795CB00010B/239